これから始める
原木乾シイタケ栽培

大分県農林水産研究指導センター
林業研究部きのこグループ 著

林業改良普及双書 No.192

まえがき

林内のほどよい環境、原木資源の存在など、森林を活かして栽培できるのが原木シイタケの強みです。山主さんや農山村の人々にとって収入源の一つとなる可能性は今も不変です。その際、栽培や販売の経験に乏しい方、新たにチャレンジしたいという方にとって分かりやすい「教科書」があれば何よりです。

大分県農林水産部林産振興室、大分県農林水産研究指導センター林業研究部きのこグループでは、そうした声に応えるべく「原木しいたけ栽培入門テキスト」を作成されています。また栽培新規参入希望者を対象とした研修を同きのこグループは実施しており、このテキストを使用して講義が行われています。

同きのこグループのご協力をいただき、そのテキスト内容を普及双書として読者の皆様にお届けできることになりました。

シイタケ栽培の原理・原則を理解するための生理・生態、原木シイタケ（乾シイタケ生産を目的）の栽培技術の実際、栽培を左右する品種の特性、そして栽培の障害となる害菌・害虫対策から

まえがき

乾シイタケ生産の重要工程である乾燥方法まで、栽培技術を体系的かつ実践的にまとめた、まさにテキストとしてふさわしい内容となっています。

さらに大きな特色は、経営のモデルを投下労力や収支等の数値とともに描き、これから経営を目指す方にとっての頼りがいのある指標が具体的に示されていることです。適正生産量、必要な手間（労働力）、設備、販売、収支など、誰もがもっとも知りたい情報が実践モデルとして示されており、経営を目指す方の入門書としてこれ以上ない最適のテキストです。

本書は一部編集部分および編集部からの追加情報（積雪地での原木栽培実践事例等）はありますが、基本的には同きのこグループが作成されたテキスト内容をそのままお伝えするものです。

大分県農林水産研究指導センター林業研究部きのこグループは平成元年に発足、昨年に30周年というまさに節目を迎えられました。栽培に関するさまざまな研究、その成果の普及、生産を目指す方の教育などに取り組まれてきた実績、きのこ普及への願いをそのまま読者皆様へお伝えできる一助になれば幸いです。

２０１９年2月　全国林業改良普及協会

目次

乾シイタケの栽培技術　65

原木シイタケの経営モデル　140

乾シイタケの経営モデル（ほだ木年植5000本、用役ほだ木2万本）　142

事例（編集部）

資料

解説編

初めての原木シイタケ栽培

まとめ／編集部

原木シイタケは、林床を活用して栽培する特用林産物の代表格。立木の成長・収穫を待つ間の収入源として、経営の一部に組み入れる方、専業で取り組む方、そんな林家が各地にいらっしゃいます。また、自家消費用として小規模に栽培されている方も多くいらっしゃいます。

一方、「これから原木シイタケ栽培にチャレンジしてみたいけど、経験がないからよく分からないし、イメージできない」という方もいらっしゃることでしょう。

そこでまず、未経験の方が抱きがちな素朴な疑問に、著者からお答えをいただきました。基本的な知識や実際のイメージをつかんでいただければ幸いです。（まとめ／編集部）

原木シイタケ栽培の基本編

Q　シイタケとはどんな生物・作物ですか？

シイタケは、植物や動物と違い菌類に分類され、枯れた樹木（クヌギ・ナラなど）を腐朽させきのこを作ります。シイタケ菌は死物寄生菌ですので、生きた立木のままでは栽培ができません。

Q　シイタケは、どうやって栽培するのですか？

（テキスト編48頁参照）

シイタケの栽培方法は、原木栽培と菌床栽培の2通りの方法があります。

原木栽培は、長さ1m程度に切った原木に種駒（シイタケ菌を繁殖させた木片等）を植菌し、原木に菌をまん延させシイタケを発生させる方法が広く行われています。

菌床栽培は、広葉樹のチップやオガ粉に栄養体を加えた培地をブロック状にし、菌糸をまん延させたブロック（菌床）からシイタケを発生させる栽培法です。

原木栽培は、林内でも栽培でき特殊な施設を必要としませんが、原木に種駒を打った後、シイタケの発生まで約2年間かかります。

菌床栽培は、完熟した菌床を購入すれば1週間程度でシイタケが発生を始めますが、乾燥や温度変化の影響を受けやすいので、温湿度の管理ができる栽培施設が必要となります。

新たに栽培を始める場合は、原木栽培をお勧めします。菌床栽培は、シイタケの生態等が理解できてからご検討ください。

（テキスト編63頁参照）

Q　他の特用林産物と比べ、どんなメリットがありますか？

まず、特用林産物の中できのこ類は安定した需要があり、消費者の人気も高い作物です。また、シイタケ以外の栽培きのこ（エノキやブナシメジ、エリンギなど）の多くは、大手企業が大型工場で生産しています。シイタケは、個人で生産を開始しやすい（参入しやすい）作物と考えています。

Q　所有林を活用して原木シイタケ栽培にチャレンジしたいのですが、まったくの初心者でも可能ですか？

もちろん初心者でも原木栽培はできます。ただ、他の農作物と違って発生までに約2年、その後、収穫が終わるまで約4年必要です。結果が出るまでに長い期間が必要であり、その間に行う栽培管理にも技術が必要となります。

大分県では、初心者向けに原木シイタケ栽培の研修を行うなど、新たに参入しやすいよう普及指導に努めています。

Q　原木シイタケの栽培には、どんな道具や設備が必要ですか？

■道具

原木を伐採するためのチェーンソー（玉切り原木を購入する場合は不要）、原木に種駒を打ち込む際の穴を開けるシイタケ用ドリル（と、種駒の直径に合わせたキリ）、電源のない山の中でドリルを使うための発電機（延長コードも）、種駒を打ち込むための金づちなどが必要です。原木の本数が多くなると移動が大変になるので、運搬車（林内作業車）があれば省力化が図れます。

■施設・設備

乾シイタケ生産を目的とした場合、林内での栽培であれば特に大がかりな設備は必要ありませんが、シイタケを乾燥させる乾燥機は必要になります。人工ほだ場（※）等を家の近くに設置すると、省力化と品質向上が見込めます。

生シイタケの周年栽培には、浸水槽、ハウス、休養施設が必要です。これらの施設を使いこなして発生時期を操作し、1年中収穫できるようにするのです。
しかし、林内の栽培で春から秋に自然発生する生シイタケを収穫・出荷するだけなら、浸水槽やハウス等は必要ありません。生産に自信を持てるようになってから、徐々に規模拡大と施設整備を行い、本格的な生産に移行していくと良いでしょう。

（※）人工ほだ場：人工の庇陰や雨除け装置、散水装置を備え、骨組みにパイプや間伐材等を使ったほだ場のこと

（テキスト編65頁～参照）

Q　原木にはスギやヒノキは使えますか？　どんな木が向いていますか？

シイタケ栽培用原木にスギやヒノキは適していません。スギやヒノキには、シイタケ菌の伸長を阻害する樹脂成分が多く含まれるためです。
原木シイタケ栽培の原木には、クヌギやナラ類、シイなどの広葉樹が適しています。

（テキスト編66頁参照）

Q　原木はどうやって入手すればいいですか？

自己所有の広葉樹を自伐する方法、立木を購入し自伐する方法、伐採した状態や玉切りした原木を購入する方法があります。

立木購入の場合、山林所有者からの購入になります。玉切り原木は森林組合や種菌メーカーで取り扱っているところがあります。

Q　植菌から収穫まで、原木栽培のスケジュールはどのようなものですか？

植菌時期は、大分県では2月上旬から4月上旬です。地域によって気候が違うので、梅の開花時期から桜の開花時期の間を目安にすると良いと思います。

大分県の標準的なスケジュールは、11月ごろに原木伐採、1月から玉切り、2月〜4月に植菌・伏せ込みを行い、伐採した場所などで約1年半、管理します。

二夏経過した11月ごろから「ほだ起こし」を行い、3月までにシイタケを収穫します。

詳しくは、166頁に掲載した「原木シイタケ栽培の年間スケジュール」を参考にしてくださいさい。

Q　原木シイタケの種菌には、いろいろな品種があると聞きました。どうやって選べばいいですか？

原木シイタケの品種は、種菌メーカー各社から数多く販売されています。品種により発生する温度帯が異なり、大きく乾用と生用に分かれています。

乾シイタケ用の品種は、降雨や気温に反応しやすく、秋から春にかけて自然環境で発生させることを念頭に置いたものです。

一方、生シイタケは年間を通じての栽培を目的としますので、生用品種は年間を通じて発生しやすい特徴がありますが、浸水等の発生操作が必要です。

乾用と生用で、基本的にはできるシイタケに大きな違いはありませんが、品種によって発生温度や発生時期、形状などの特性が異なりますので、栽培場所の環境（地域の気候やほだ場の環境）やご自身の経営方針（労働配分など）に合わせて選択することになります。

特に乾用品種については、秋と春に発生するもの、主に春に発生するものなどがあります。

他の作物や仕事などを考慮し品種を選ぶ必要があります。

なお、乾用品種でも生シイタケとして食べることは可能ですし、もちろん生シイタケとしての販売も可能です。

まずは自家用で、自然環境下での栽培にチャレンジしたい方には、乾用品種を選ぶことをお勧めします。発生時期が集中して食べきれないほど収穫できた場合は、冷凍すると長期間保存が可能になります。

あなたの近隣でよく使われている品種を使えば間違いないと思います。

（テキスト編96頁参照）

Q　商品としてのシイタケには、乾と生があります。その2つに経営上の違いはありますか？

本格的な経営を行う前提でお答えすると、次のような違いになります。

乾シイタケを目的とする場合は、林内や簡易なハウス等で栽培します。秋～春にシイタケが発生し、収穫したシイタケを乾燥し保存が利く状態に加工することで、1年中販売できるようにします。そのため、乾シイタケを生産するためには乾燥機が必要です。

生シイタケは保存が利かないため、施設を利用し、ほぼ毎日、収穫・出荷を行います。乾・生ともにメリット・デメリットがありますが、近くに出荷できる市場や直販所等があり、日々の出荷が可能であれば、生シイタケがお勧めです。

生産規模や出荷先を考えて、乾にするか、生にするか、を検討する必要があります。

（テキスト編140頁参照）

Q　原木シイタケの経営を行っている実践者は、どのような経営スタイルですか？

乾シイタケ栽培の場合、夏の仕事がほとんどないので、夏野菜との兼業ができます。大規模になれば、駒打ち作業とシイタケの収穫の時期が重なりますので、繁忙期はパート雇用が必要な場合もあります。

生シイタケを周年栽培する場合は、毎日のように収穫・出荷を行うので、専業になります。原木伐採・駒打ちの時期は、乾シイタケと同様、雇用が必要になるでしょう。

（テキスト編140頁参照）

Q 本格的な経営の前に、少しずつチャレンジしてみたい場合は、どんな方法がありますか？

近年、ホームセンター等で種菌（種駒）や原木を販売しているところがあるので、手軽に生産したい方は、割高にはなりますがホームセンター等でも入手可能です。

植菌後は、直射日光を避け、雨が当たる環境（林内など）で管理すると、シイタケが発生します。うまく管理できれば、直径10cm・長さ1m程度の原木1本から、4年間で生シイタケで1kg程度の発生が見込めます。

原木シイタケ栽培の実践編

Q 原木の伐採は、いつごろ行うのが良いですか？

原木の伐採時期は、3〜7分紅葉の時期が目安です。この理由は、①樹木が冬に備えて材内に養分を蓄える時期であり、養分の多い原木が採れること、②樹木の活動休止期にあり、樹液の動きが少ないため、樹皮が剥がれにくいこと（樹皮が剥がれる弊害については後述）、③伐倒後に葉を付けたまま乾燥させること（葉枯らし）が可能であること、といったものです。

（テキスト編67頁参照）

Q　なぜ原木の樹皮に傷をつけてはいけないのですか？

原木シイタケ栽培の初期の目的はほだ木作りで、原木にシイタケ菌をいち早く活着させ、他の害菌（木材腐朽菌）が入ってくる前に原木内へシイタケ菌をまん延させることです。

植菌されたシイタケ菌は、樹皮の下の組織（内樹皮）に回っていき、さらに材の内部に向かって菌糸を伸ばしていきます。この時、樹皮は保護組織としての役割があります。樹皮が剥がれたり浮いてしまうと、材や種駒が乾燥して活着が悪くなったり、雨とともに他の害菌（木材腐朽菌）が入ってきてしまいます。

これらから考えると、できるだけ樹皮の傷が少ない方がいいです。

原木にはクヌギやコナラを使うことが多いのですが、林内にサクラやシデ、シイ、カシなどがあればそれらも伐って利用できます。シデ、シイ、カシなどは樹皮が薄く乾燥しやすいので、冬になってから伐ると樹皮が剥がれにくくなります。

Q　葉枯らしは何のために行いますか？　どれくらい乾燥させればいいですか？

3～7分紅葉の時期に原木を伐った後、葉を付けたまま放置して材を乾燥させます。これを「葉枯らし」といいます。

シイタケ菌は死物寄生菌（木材腐朽菌）なので、栽培には原木の枯死を図る必要があります。「葉枯らし」は、葉の蒸散作用を利用するもので、短期間に材内の水分を抜き、原木全体を均一に乾燥・枯死させることが目的です。

葉が落ちてから伐る人もいますが、しっかり葉枯らし工程を経た方が「ほだ付き」が良いです。「ほだ付き」とは、原木のほだ化、つまり原木内にシイタケ菌が回ることを指しますが、葉枯らしした原木の方が良いです。

また、葉枯らしの期間は、原木の樹種や太さ、標高、方位、気象条件等により異なりますが、クヌギの場合で40～60日程度が目安となります。

伐倒した原木の木口（根元の切り口）には、乾燥に伴ってひび割れが現れてきます。このひび割れが直径の1／2～2／3に達した頃が玉切り時期の目安です。

乾燥しすぎるのも良くありません。シイタケ菌は原木内の水分量が25～50％で成長します。玉切り後は、原木を寄せて枝葉や遮光材で庇陰して、直射日光や乾燥を防ぎます。


（テキスト編67頁参照）

Q　原木の玉切りは、どのくらいの長さにすればいいですか？

栽培に都合の良い長さは、
・乾シイタケ／1・0～1・2m
・生シイタケ／0・9～1・0m
という目安があります。

植菌やほだ起こし作業などで扱いやすい長さ（生は浸水など頻繁に動かすので短め）の目安ですが、近年は生産者の方も高齢化してきており、特に大径木は重たく、体力的に楽だという理由から、短くなっている傾向があります。

短くても問題ありませんが、同じ直径ならほだ木1本当たりの収量が落ちます。太い原木は、

大きいシイタケができる、寿命が長い、と好まれる方もいます。（テキスト編69頁参照）

Q　原木に穴を開ける際、どのような位置に開ければいいですか？

種菌には、木片駒、オガクズ種菌、成形駒がありますが、ここでは一般的な木片駒の場合を紹介します。

原木に穴を開ける際は、原木を転がしながら「千鳥」となるように開けていきます。縦の間隔は20～25㎝、横（列）の間隔は5～6㎝が標準です。この数字には理由があります。

シイタケ菌は縦方向（木の道管や繊維の方向）によく伸長し、横方向には伸長しにくいという性質があります。植菌後に順調に推移すれば、夏を過ぎた頃には縦に20～25㎝、横に5～6㎝ほど、シイタケ菌が材の表面に伸長します。すべての種駒から同じように菌が伸長すれば、原木全体がシイタケ菌で覆われるような形となり、ほかの木材腐朽菌（害菌）が入りにくくなります。

たくさん種駒を打てばもっと早期に菌を回せますが、種駒の費用や植菌の手間もかかり、効

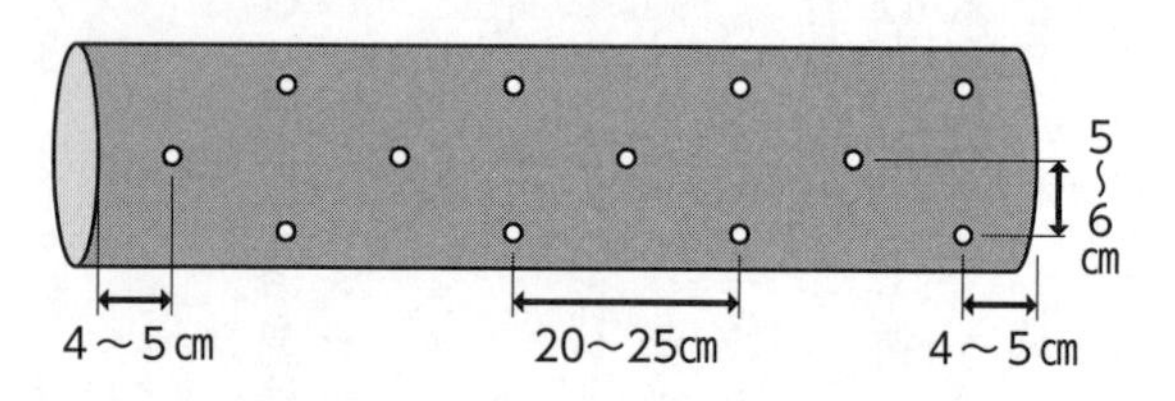

「千鳥」での植菌の模式図（標準的な例）。また、この時に植菌する種駒の数の目安は、原木末口直径（㎝）の数値の約２倍。種駒を購入する際の目安として使えます

率的ではありません。

二夏経過後からシイタケが発生するというスケジュールを考えた、ちょうど良い間隔なのです。

植菌時期が遅れた時は、もう少し間隔を詰めて、早く菌を回す（遅れを取り戻す）という調整方法もあります。

Q　開ける穴の深さは、どれくらいが良いですか？

木片を使った種菌（いわゆる種駒）の場合、穴の深さは25㎜程度が標準です。種駒を打ち込むと、内部に空間ができます。この気中に菌糸が伸び、さらに材の内部へと菌が回っていきます。

太い原木は樹皮が厚いので、種駒が確実に材部へ届くよう、35〜40㎜程度となるよう深めに開けます。

シイタケ菌は、気中に伸びるのは早いですが、材の内部

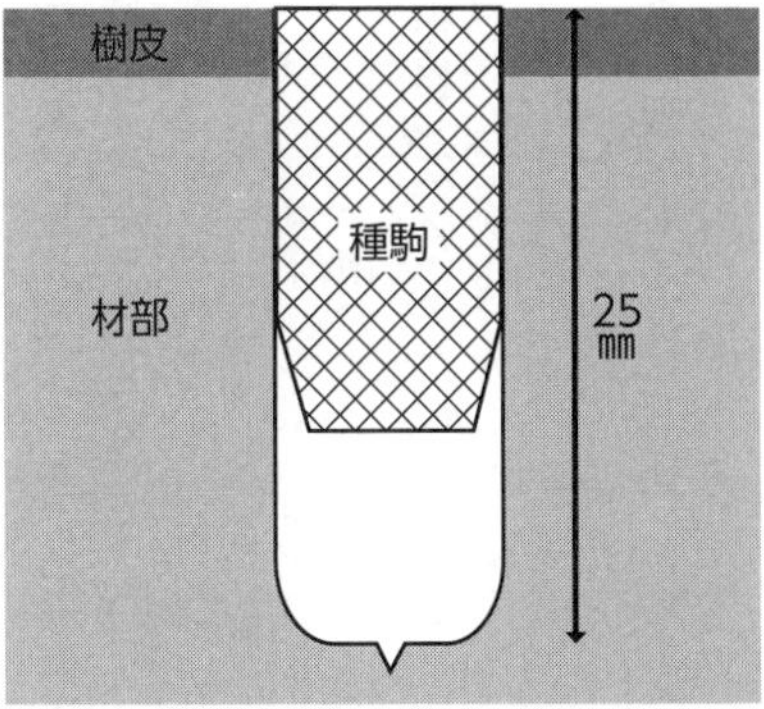

種駒（木片駒）の植穴の深さは25㎜が標準で、大径木の場合は35〜40㎜と深めに開けます

へと（芯へ向かって）回るのは時間がかかります。ですから、穴が深い方が材内部まで早く菌が回りやすいという側面もあります。

種菌の大きさはメーカーによって異なるため、植菌作業には種菌の直径に合わせたドリル（キリ）を使ってください。例えば、森産業のキリは9・2㎜で、菌興のキリは8㎜という具合です。このキリは森林組合や農協、ホームセンターなどでも販売されています。

また、植菌用ドリル本体やキリにストッパーがついていれば、常に一定の深さで穴を開けることができます。

（テキスト編74頁参照）

（編集部注／植菌専用のドリルは日立工機やマキタから1・5万円〜2万円程度で市販されています。専用のキリは1000〜2000円程度です）

Q　植菌時期が遅れると、どんな影響がありますか？

植菌時期の目安は、ウメの開花期からサクラの開花期です。気温が上がるほどほかの害菌の活動も活発になるので、ちょっとでも気温の低い、早い時期にシイタケ菌を活着させて、ほかの害菌よりも早く菌を回すことが大事です。

植菌時期が遅くなる、つまり気温が上がってくると、ほかの害菌の活動が活発になるほか、種駒自体が高温で弱ってきたり、葉枯らししている原木が乾きすぎてしまったり、活着率が落ちてくるのです。

シイタケ菌は気温が低い分には大丈夫ですが、高温には弱いです。

シイタケ菌の伸長に最適な温度帯は25℃前後ですから、それくらいの気温となる時期には、植菌したシイタケ菌がしっかり活着・初期伸長していることが大事です。

（テキスト編74頁参照）

Q　仮伏せ・本伏せは、どのように行えばいいですか？

仮伏せ、本伏せと言う伏せ込みの作業を、原木を自家調達する方の実際の状況で考えてみましょう。自分で原木を伐って、その場で駒を打ち、その場に伏せ込むという状況です。

原木シイタケ栽培を経営として行われている方は、毎年何千本もの原木に植菌します。駒打ちは1日や2日では終わりませんから、その日駒打ちが終わった原木を2～3段に積んで、笠木やネットを掛けて乾燥を防ぎます。これが仮伏せとなります。

1～2月に2～3週間かけて駒打ち作業と仮伏せを同時に進め、そのまま置いておき、春子（春に発生するシイタケ）の最盛期は収穫を優先して行います。

収穫が全部終わってから、いよいよ本伏せを行います。大分県では、このような作業パターンが大半です。

なお、植菌時期が遅れた場合（大分県では4月中旬以降の植菌）は仮伏せを行わず、すぐに本伏せとします。

（テキスト編77頁参照）

活着調査

種駒を抜き取って、シイタケ菌の活着具合を調べます。活着していれば白っぽい状態で、においを嗅ぐとシイタケの香りがします

Q　いつまでに本伏せすればいいですか？

梅雨入り前までには、仮伏せしていたほだ木を本伏せにします。種駒の頭が白くなって（発菌して）いれば、本伏せにしても大丈夫です。

また梅雨入り前には、シイタケ菌が種駒から原木へとしっかり活着しているかどうかをチェックします。これを活着調査と言います。

打った駒を抜き取ってシイタケ菌の状態を確認します。種駒が植菌時と同様に白くなっていれば活着していると判断できます。活着していなければ黒や茶褐色になっています。活着が悪いようなら、本伏せの環境をしっかり整えてやります。
（テキスト編80頁参照）

Q　本伏せする場所はどのように選べば良いですか？

本伏せは、活着したシイタケ菌をほだ木内にまん延させるための重要な作業です。伐採跡地や平地等に伏せ込む「裸地伏せ」、林内を利用する「林内伏せ」、または人工ほだ場などの施設を利用する方法もあります。

伏せ込みの適地は「6乾4湿」と言われます。日当たり、雨当たり、排水、風通しが良い、山の中腹から上部の凸地形が典型です。
（テキスト編80頁参照）

Q　ほだ木をどうやって伏せ込むのですか？

伏せ込み（本伏せ）の時にほだ木を組むのですが、その4例を紹介します。

①鳥居伏せ

比較的多く行われている。風通しが良く理想的な形。

②ヨロイ伏せ

鳥居の中に小・中径木を入れる。比較的乾燥地に適する。

③ムカデ伏せ

林内伏せで行われる。作業が簡単で急傾斜地に適する。

④井桁伏せ

通風や排水の良い林内で行われる。積み上げるほだ木の高さは1m以内とし、上下の入れ替えを行い降雨ムラをなくす。

ほだ木に直射日光が当たる場合は、笠木やネットを掛けて遮りますが、風通しが悪くならないようにします。

（テキスト編81頁参照）

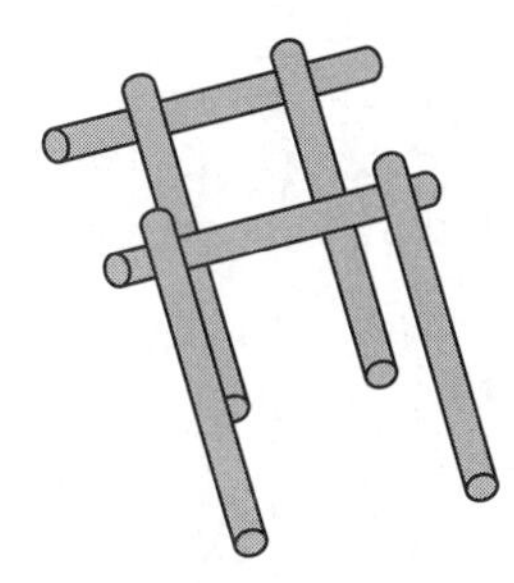

鳥居伏せ

比較的多く行われています。風通しが良く理想的な形です

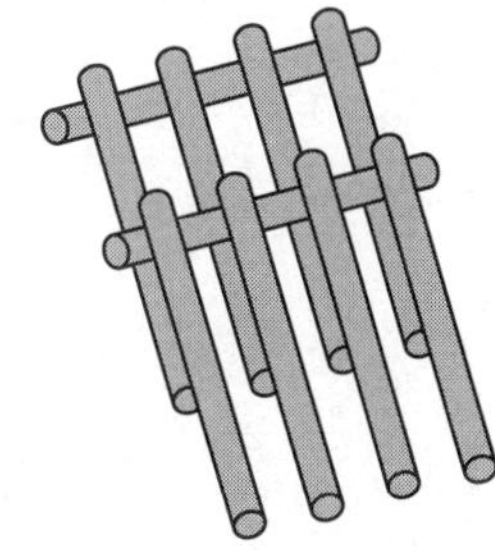

ヨロイ伏せ

鳥居の中に小・中径木を入れます。比較的乾燥地に適します

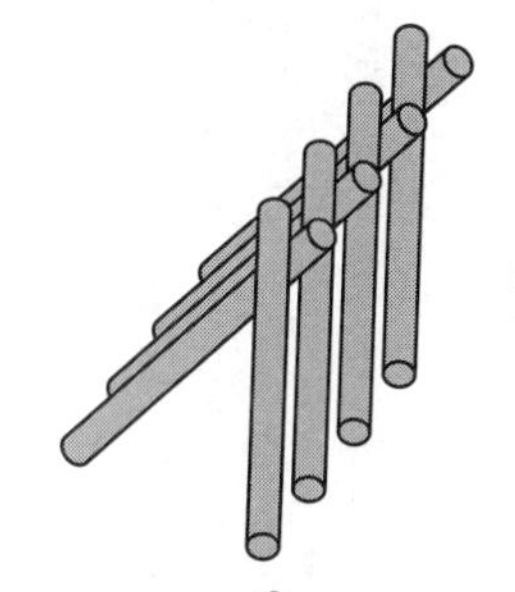

ムカデ伏せ

林内伏せで行われます。作業が簡単で急傾斜地に適します

井桁伏せ

通風や排水の良い林内で行われます。積み上げるほだ木の高さは１m以下とします

Q　伐採、植菌、本伏せは、同じ場所でもいいのですか？

大丈夫です。伐倒・葉枯らしした斜面で玉切って、その場で植菌して伏せ込む。これが古くから行われているやり方です。当然、原木を皆伐した斜面ということもあります。この場合、伏せ込む場所が伐採跡地となり、上木がない「裸地伏せ」になります。

大分県ではこの「裸地伏せ」が多いですが、近年は林内等に移動する事例も増えてきています。ちなみに、ほだ起こしのために山からほだ木を下ろすのは、植菌から二夏経過後というケースが多いのですが、その時には当初の7～8割の重さになっています。

裸地伏せの場合、笠木や遮光ネットをしっかり掛けて、直射日光が当たらないようにします。基本的には二夏経過するまでその状態で、シイタケ菌が原木内に確実にまん延するよう管理を行います。

（テキスト編84頁参照）

Q　伏せ込み中のほだ木の管理は、どのように行いますか？

ここが非常に大事です。端的に言えば、シイタケ菌の生息しやすい環境を整える、ということになります。

例えば、下草を刈って通風を確保したり、笠木を補修したり、といった作業があります。雨が多く湿度が高いようであれば、害菌の侵入を防ぐために周りの草刈りを2回、3回とやって風通しを良くしたり、雨が少なければ、乾燥しすぎないように草刈りを控えるなど、その年々の気象条件で変わります。一概にこうと言えないのが難しいところです。

（テキスト編85頁参照）

Q ほだ木をチェックする時のポイントは？

順調にほだ化が進んでいるか、害菌がついていないか、などを確認します。それを見て、必要な対策を講じます。ですから、伏せ込み中は定期的に見回りを行いましょう。伏せ込んだ後に放置したままだと、2年後にほだ起こしする時に見てガックリ、ということもあります。

ほだ化調査（伸長調査）は、樹皮の剥皮やほだ木を切断して行います。シイタケ菌が回っていれば白くなっていますし、回ってないところは木材のままの状態あるいは変色しています。

ほだ化調査

樹皮を剥ぐとシイタケ菌が回っている様子が分かります（白く左右に伸びた部分）。調査結果に応じて、ほだ場環境を整えます

内樹皮表面の状態と木口の状態、さらに縦に割ってみて材の内部も確認します。こうすると種駒からどのように菌が回っているか、材の内部のどの辺りまで回っているかが分かります。

私たちはこの調査を、植菌した年の梅雨明け～秋に行います。

Q　ほだ化が遅れているようですが、大丈夫でしょうか？

シイタケが発生するまでに二夏ありますから、次の年にかけてしっかり管理すれば遅れを取り戻せます。ですから、しっかり確認をして、その結果に応じた対策を取ることが大事です。

一夏終わった時に判断できれば、早めに手を打てます。対策を施さず、そのままの環境で二夏目も同じように過ごしてしまうと被害の拡大を招いてしまいます。

（テキスト編85頁参照）

Q　ほだ起こしとはどんな作業ですか？　いつ行いますか？

ほだ起こしは、伏せ込んでいたほだ木をほだ場へ移動し、収穫しやすいように立てて組む作業です。

伏せ込んでいる場所はシイタケの発生には向かない環境ですし、本伏せで組んだままの状態では収穫が非常にやりづらいからです。

大分県では伐採跡地に伏せ込む人が多く、そこで発生すると、シイタケの収穫は困難です。ですから、より採りやすい場所であって、シイタケが発生しやすい環境の場所、つまりほだ場に移動させる方がほとんどです。

一夏経過後に行う1年起こしもありますが、大分県では二夏経過後に起こす「2年起こし」が一般的です。ほだ起こしの時期は10月～1月が一般的ですが、品種によって発生温度帯が異なるので、品種特性に応じて作業時期を決めます。

林内ほだ場の例

この例では散水するためのホースを設置しています

ほだ場には、林内ほだ場と人工ほだ場の2タイプがあります。人工ほだ場は、設備投資が必要ですが、庇陰や雨除け、散水装置を備えることで、より効率的に原木シイタケ栽培を行うことができます。

ちなみに、ほだ起こしの作業でほだ木を動かすこと自体が、発生を促すための刺激になるという効用もあります。

（テキスト編86頁参照）

Q　ほだ場にする場所は、どのように選べばいいですか？

伏せ込みに適した環境（シイタケ菌を材内に伸ばす環境）と、シイタケの発生に適した環境（ほだ場の環境）は異なります。

伏せ込みは6乾4湿、ほだ場は4乾6湿が適していると言われます。伏せ込みは風通しの良い、若干乾燥気味の場所が適しています。一方、シイタケを発生させるほだ場は、シイタケが芽切った後（樹皮を突き破ってきのこの〝芽〟として現れた後）に枯れてしまわないよう、暖かく、ある程度湿度を保てる場所が向いています。

また、ほだ木を運び込んだり収穫する作業を考えれば、傾斜が少なく作業性が良い、道から近い、家（乾燥場）から近い、などの条件を満たす場所であることも、ほだ場選びのポイントです。

（テキスト編86頁参照）

Q　どれくらいの大きさで収穫したらいいですか？

乾シイタケには、どんこ（冬菇）、こうしん（香信）、こうこ（香菇）、と呼ばれる品柄（規格）があります。「冬菇」は、傘の開き具合が5～6分で半球形状、「香信」は傘の開き具合が7～9分で平たい形状、「香菇」はその中間で半球形状で厚肉です。

品種ごとに、どの品柄向きかの特性がありますので、それに沿って収穫します。例えば、森産業【ゆう次郎】は「巻き込みの強い冬菇（どんこ）、香菇（こうこ）」、菌興【327号】は「きのこは丸型香信」、セッコー【11号】は「ドンコ採りには最適品種」（いずれも、各社のカタログ表記より）とあります。

収穫が間に合わない場合も、縁の巻き込みがあるうちに収穫することが大切です。傘が開きると「バレ葉」といって商品価値が下がります。これはどの品種でも同じです。

（テキスト編90頁参照）

冬菇（どんこ）

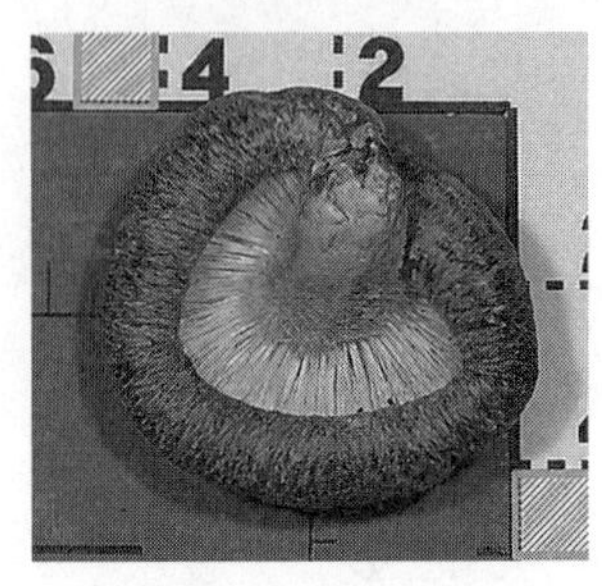

香信（こうしん）

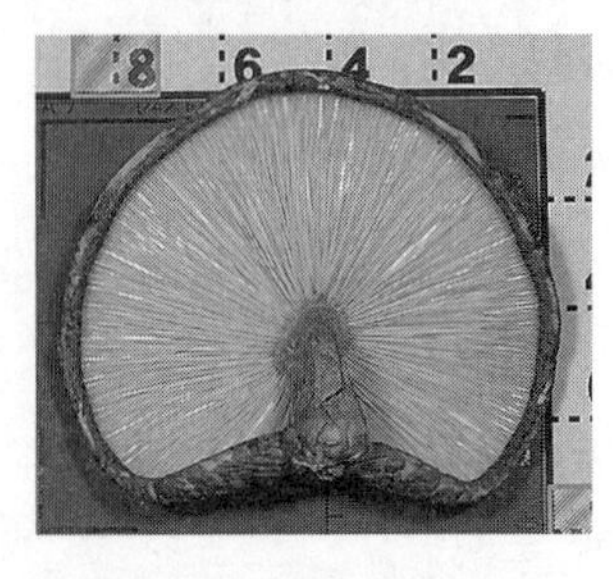

香菇（こうこ）

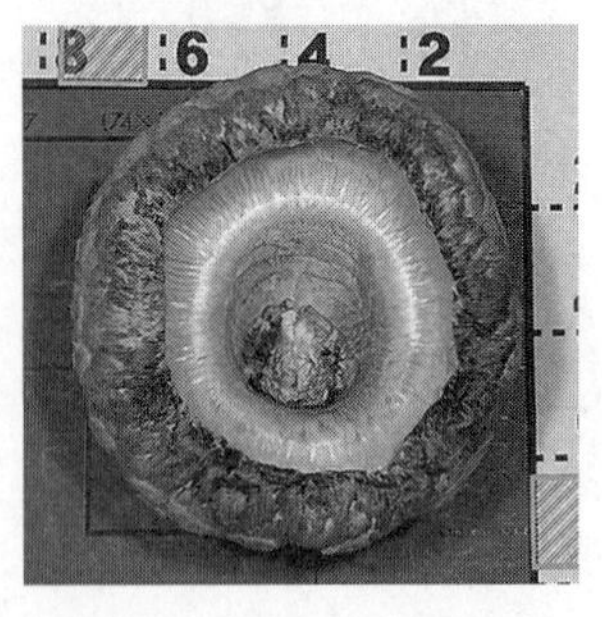

Q　シイタケはどれくらいの早さで成長しますか？

シイタケの成長速度は、気温や水分状態で変わります。冬の非常に寒い時期なら、芽切ってから1カ月も2カ月もずっと成長しないことがあります。春になれば、芽切ってから数日で収穫できるようになりますし、気温が上がり降雨が伴うと、一斉に収穫時期を迎えてしまうこともあります。発生が集中すると収穫作業が非常に忙しくなります。

（テキスト編90頁参照）

Q　シイタケに雨が当たっても大丈夫ですか？

どの時点で当たるかにもよります。収穫期に当たってしまうと水分の多いシイタケ（雨子）になって、品質が落ちてしまいます。ですから、雨が降る前に採ったり、ほだ場に雨除け対策をしておくことが大事です。

逆に、まだ小さいうちは、降雨や散水が必要な場合もあります。特に冬場のことですが、過乾燥で大きく育つ前に枯死してしまうことがあるからです。

（テキスト編86頁参照）

Q　収穫後のほだ木はどのように管理すればいいですか？

ほだ場の管理は、ほだ木が乾燥しないように直射日光を遮って日陰を調整したり、下草を刈って風通しを良くする、などがあります。

ほだ木の管理は、水分を補給するために散水や倒木（ほだ木を地面に倒す）を行ったり、ほだ木からまんべんなくシイタケが発生するよう、天地返し（上下をひっくり返す）やほだ回し（表裏を返す）を行う、などの作業があります。

散水は発生操作としても行います。発生温度帯など、品種ごとの特性を考慮して行うようにします。

ほだ木の寿命は品種によって異なりますが、乾シイタケ用品種で4～5年です。

（テキスト編89頁参照）

Q　乾シイタケと生シイタケ、どちらがお勧めですか？

21頁で述べた通り、乾と生では、それぞれに一長一短があります。労働配分や販売先・方法、設備投資の規模などから、総合的にご検討ください。

乾シイタケは、乾燥することで保存可能となり、出荷時期の調整ができます。そのためには、乾燥機と燃料が必要になります。天日干しでは商品になりません。また、夏場の作業がほとんどないため、田畑との兼業もやりやすいでしょう。

生シイタケは、新鮮な状態で日々出荷できることが前提で、出荷先までの運送コスト、日々の収穫・出荷作業のことを考える必要があります。露地栽培であれば発生は気象条件に大きく左右されます。発生が集中したときに生で売りさばけるかどうか…。こうしたことが、ハウスで周年栽培する（ほだ木を浸水して発生させる）方の多い理由です。

乾と生を兼業する方もいますが、この時期にこの規格のものを収穫・出荷する、と綿密に計画されています。

これから始める方なら、まずは小規模で始め、収穫が少ない時には生シイタケとして直売所等での販売も検討し、栽培に慣れてから本格的な経営を考える、という流れがいいかもしれません。

（テキスト編１４０頁〜参照）

テキスト編

原木しいたけ栽培入門テキスト

大分県農林水産研究指導センター
林業研究部きのこグループ

大分県では、シイタケ生産への就業を目指している方、就業間もない方及び既にシイタケ生産を行っており、将来年3万駒以上植菌する予定の方を対象とした「原木しいたけ栽培新規参入者研修」を開催しています。

この研修で使用している「原木しいたけ栽培入門テキスト(※)」を、ここに掲載します。

※一部著者による改変あり

きのこの生理・生態―シイタケを中心にして

きのこの生態

きのこの生態的役割

・植物…生産者（光合成）
・動物…消費者（消費者：食物連鎖）
・菌類（きのこ）…分解者

菌類が分解することで生物資源がリサイクルされている。菌類は第3の生物群。

森林生態系の物質収支模式図

(Ovington の図を改変)

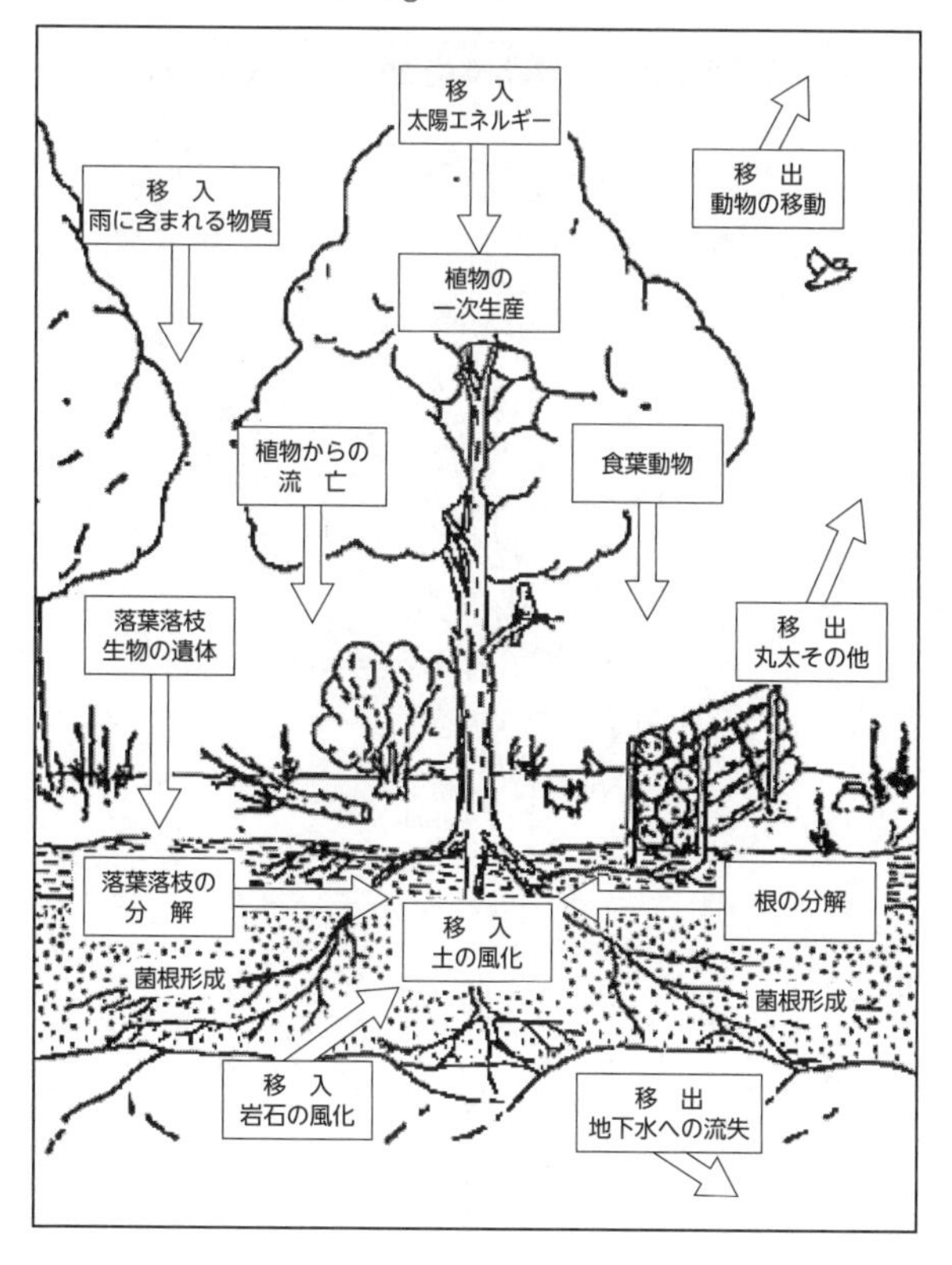

Whittakerの5界説（1969）
（「きのこの事典」抜粋）

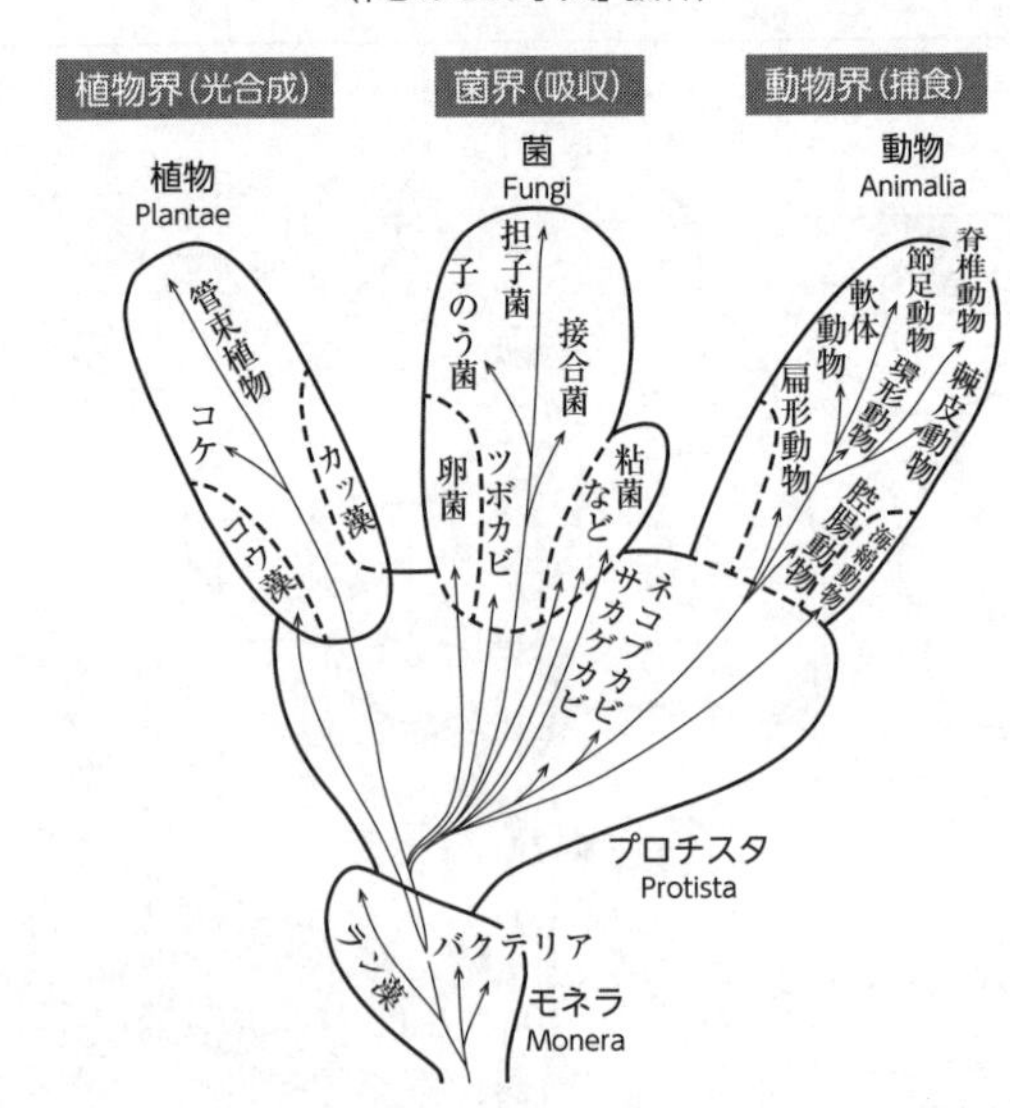

腐生菌と菌根菌

腐生菌

・木材（倒木や枯れ木）を腐らせる…シイタケ、エノキタケ、ヒラタケなど。

・落ち葉を腐らせる…モリノカレバタケなど。

・動物の糞を分解するもの…ヒトヨタケ類など。

・腐ったきのこに生えるもの…ヤグラタケなど。

・骨に生えるもの…ホネタケ。

菌根菌

生きた樹木の細い根にまとわりつ

いて菌根を形成し、根との間で養分や水分のやりとりをしているグループ。菌根を作る相手の樹木が比較的限定されている。

これら菌根菌同士の間に占有空間をめぐっての争いがあることも知られている（小川 1969、Murakami 1986）。

・マツタケ…アカマツを中心とした数種の針葉樹林。
・ハツタケ…アカマツ、クロマツ、ゴヨウマツの林。
・バカマツタケ…コナラ、ミズナラ、シイ・カシの林。
・アカモミタケ…モミの林。
・ヤマイグチ…カンバの林。

シイタケの生態的役割

シイタケはクヌギやコナラなどの原木や、オガクズや米ヌカを用いた菌床培地を使って生産されている。したがってシイタケは木材（倒木等）を腐らせる腐生菌である。

木材を腐らせるきのこには腐朽した材が褐色になる褐色腐朽菌と白色になる白色腐朽菌があることが知られている。褐色腐朽菌は材中のセルロースを主に分解し、白色腐朽菌は主にリグニンを分解する。シイタケは白色腐朽菌である。シイタケはセルロースとリグニンを分解することのできる菌である。

・バクテリアや子のう菌類、不完全菌類…可溶性の糖やアミノ酸のような分解しやすいものを利用するもので、リグニン分解能力を持っていない。

・ハラタケ目

褐色腐朽…マスタケ、ナミダタケ、ツガサルノコシカケ

白色腐朽…シイタケ、マイタケ、カワラタケ、マンネンタケ（霊芝）

《メモ》

自然界ではクヌギの枯れ木にはハラタケ目のうち、ウラベニガサ科やキシメジ科などの多くのきのこが侵入し、これらはシイタケと似た生活法をとるので栄養分や生活空間についてシイタケと競合すると考えられる。

また、サルノコシカケ類や背着性のきのこも多く生育し、シイタケとほだ木内部の空間の占有をめぐって争っている。

シイタケ栽培においては、他のきのこが原木に侵入する前に原木に種駒を接種することで、シイタケ菌糸を早期に材内に活着・伸長させ、材内にシイタケ菌糸が優先的に生育する状態にしているのである。

シイタケの分布

東南アジアを中心に比較的広く分布している。近隣の朝鮮半島、中国、台湾はもちろんのこと、分布はさらに南へ伸びている。フィリピン、ネパール、ボルネオのキナバル山やセレベス島でも採集記録があり、サハリン（樺太）、マレーシア、タイでも未確認情報がある（中村克哉編きのこの事典、1982年）が、パキスタン以西では採集記録がない（タイのシイタケは標本を作製されており、当時、国立林業試験場の青島先生がシイタケであると確認されたとのことである）。

きのこの生理

他の生物との違い

・きのこ…植物で言えば「花」に当たり、「子実体」と呼ばれる。
・きのこの本体…土中や枯れ木の中に糸状の「菌糸」として生活している。
菌糸は大変細い（1ミリの100分の1程度）。
動物や植物のような、「個体」の識別は困難である。

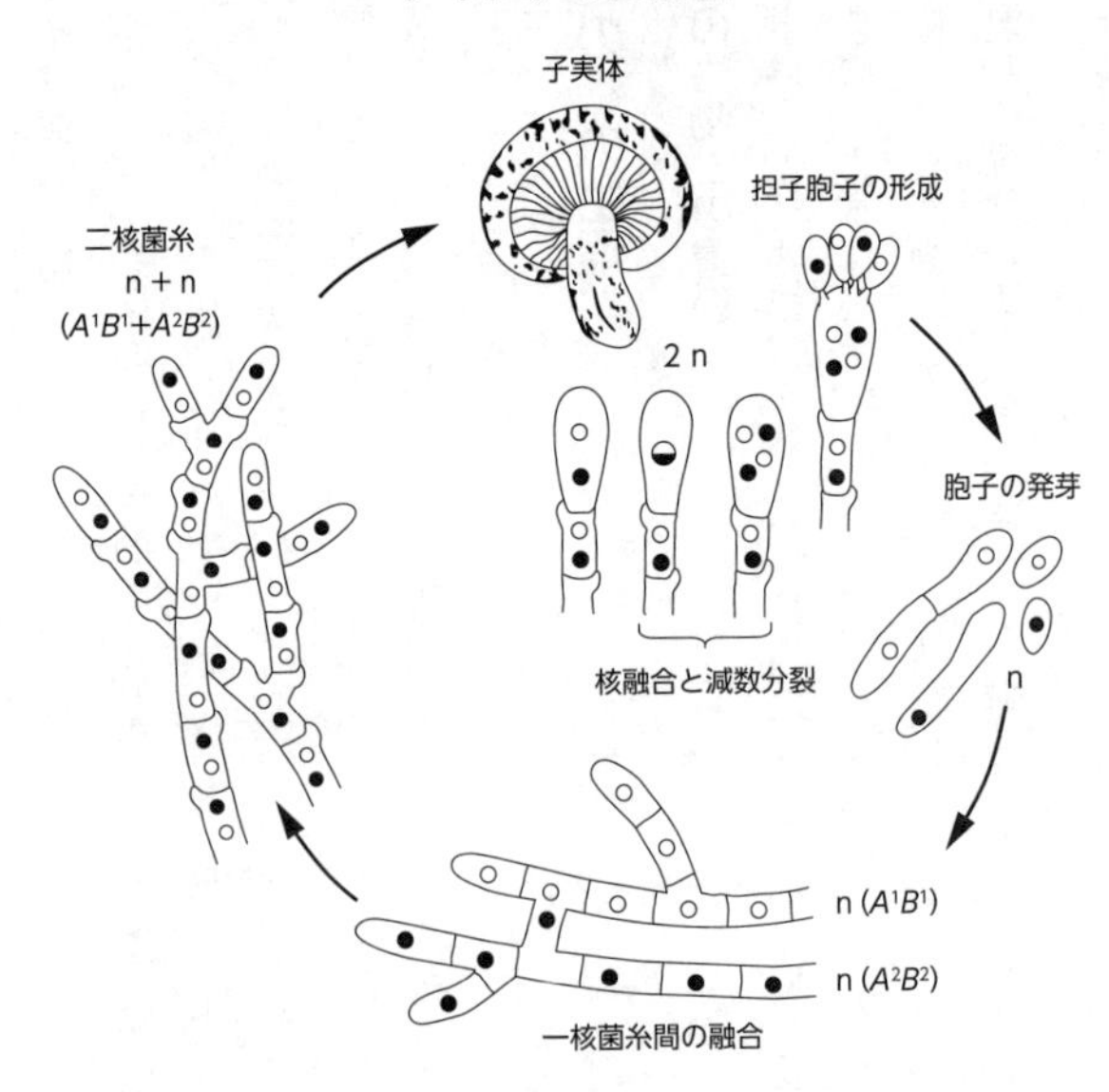

きのこの生活史

前述のように、きのこは菌糸が本体であり、土の中や枯れ木の中等に棲んでいるが、それだけでなく、生活史も動物や植物とは大きく異なる（上図）。

また、栄養の取り方も異なり、体（菌糸）の外に酵素を分泌することで基物を溶かし、吸収するという方法で生活している。シイタケの例で言うと、前述したように、クヌギ、シイ、カシなどの木材の細胞壁を構成するリグニンやセルロースを分解している。

きのこの一生

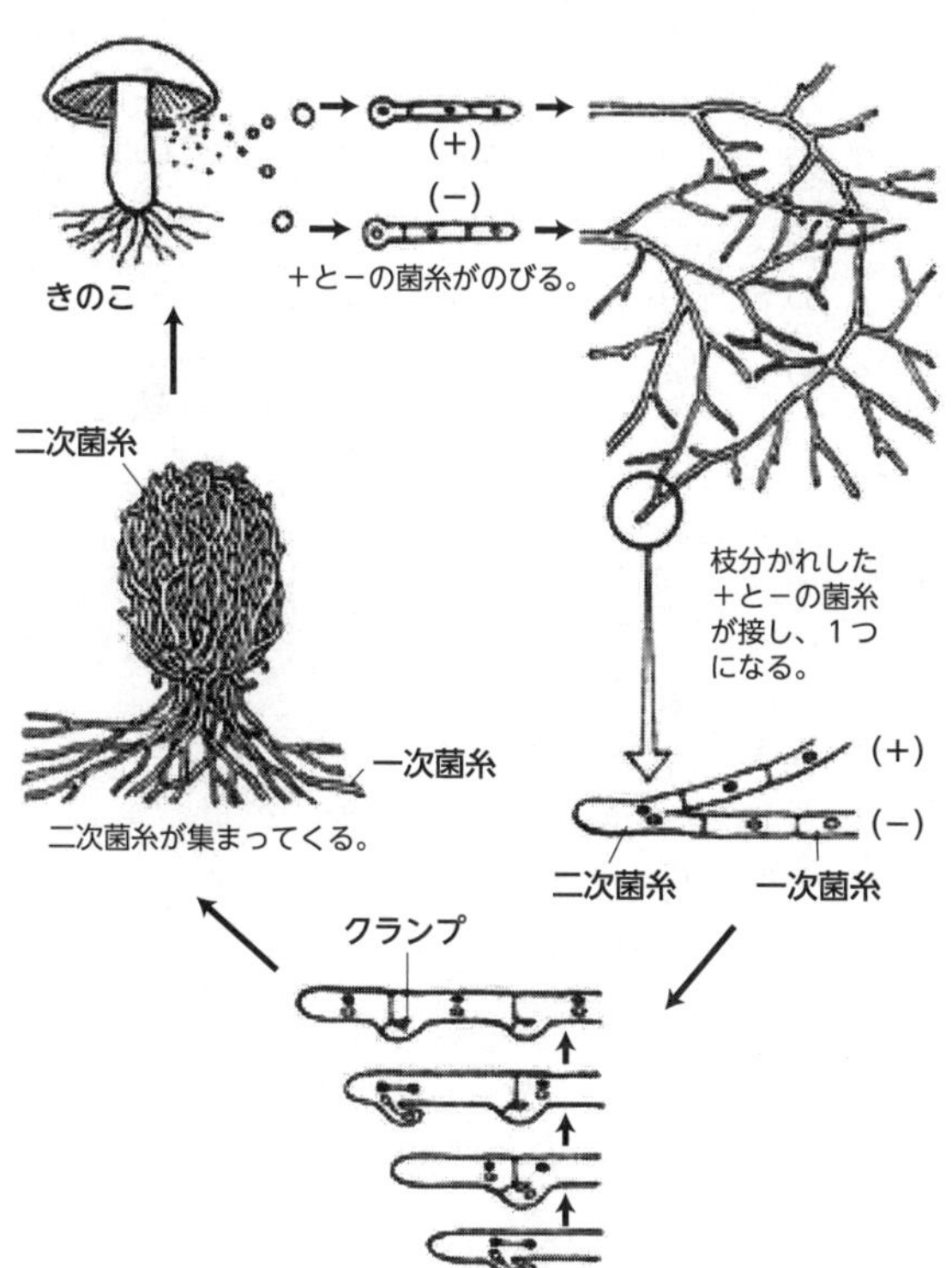

(+)
(−)
+と−の菌糸がのびる。
きのこ
二次菌糸
枝分かれした
+と−の菌糸
が接し、1つ
になる。
(+)
(−)
一次菌糸
二次菌糸が集まってくる。
二次菌糸
一次菌糸
クランプ

きのこの分類

シイタケの分類学的位置

シイタケは有性生殖器官として担子器（棍棒状の細胞）を持ち、その担子器の先に通常4個の胞子（担子胞子）を作る担子菌類に属する。

シイタケなどの有用きのこ類の多くが担子菌である。

シイタケの形態

傘は淡褐色〜茶褐色〜黒褐色で、初め特に傘の周辺部に白〜淡褐色、綿毛状の鱗片をつける。ひだは白色で密、古くなると褐色のしみができる。柄は強靭で不完全なつばをもち、つばより上は白色、下は白〜淡褐色で繊維状〜鱗片状。肉に強い芳香をもつ（今関、本郷　1987）。

シイタケ「発見」の歴史

シイタケは東南アジアにしか分布しないきのこで、欧米人にとっては未知のきのこであった。ヨーロッパを中心とした分類学の進展により、各種の植物や動物に世界に通用する名前（二名

〈担子菌〉

担子菌

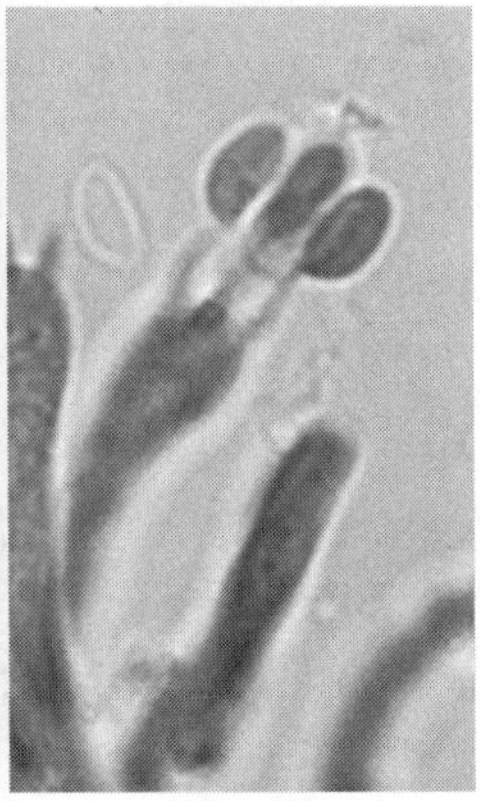

担子器と胞子

〈子のう菌〉

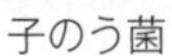

子のう菌

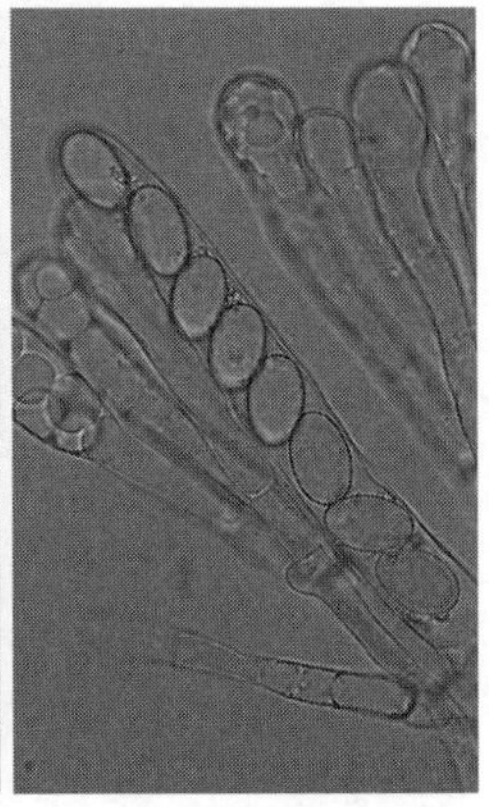

子のうと胞子

倒木に発生したシイタケ

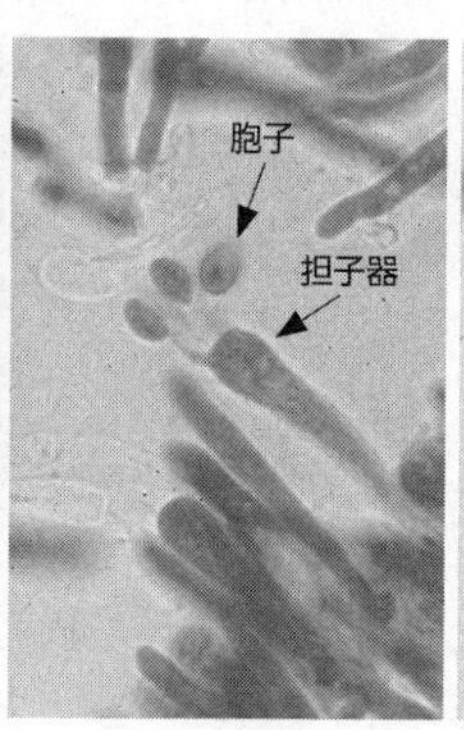

シイタケの胞子と担子器

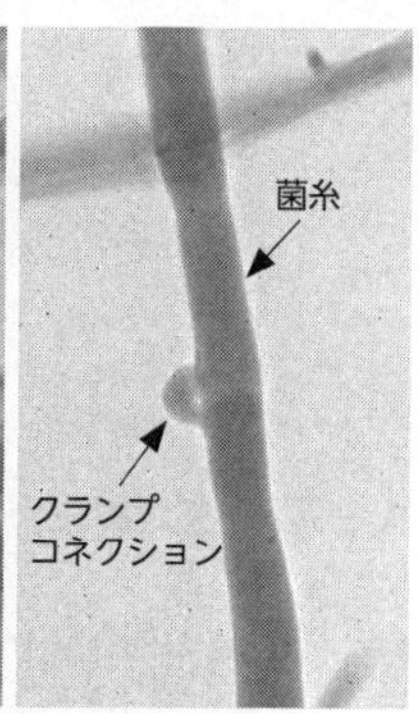

菌糸とクランプコネクション

法による学名）が付けられていった。その流れの中で、江戸時代に日本にやってきたイギリスのチャレンジャー号の乗組員が乾シイタケを購入して本国に持ち帰り、シイタケと言うきのこの存在が欧米人にも知られることとなった。

・*Agaricus edodes*…1800年代後半
　欧米人は生のシイタケを見たことがなかったため、多くの人はこの名前（学名）のきのこをマツタケだと思い、それが長い間信じられてきた。誤解が解けたのは、1900年代に入ってからである。

・*Agaricus*～*Cortinellus*～*Armillaria*～*Lentinus* と属名が変化したが、1941年以降は *Lentinus edodes* と言う呼び名が定着（中村克哉編きのこの

事典1982年、Singer 1975, 1986)。

・Lentinula edodes

イギリスのペグラー（Pegler）はシイタケの属名として *Lentinus* は不適当であり、*Lentinula* と言う属名をつけるべきだと主張した。その根拠はシイタケはこの属の他のきのことはひだの付き方や菌糸の状態が異なる点を主張した。この意見は徐々に多くの研究者に受け入れられ、現在、シイタケの学名はこの名で定着している。

シイタケ栽培の実際―ポイントの整理

シイタケの生活史

シイタケの繁殖は胞子と菌糸で行われる。きのこ（子実体）が成熟すると、多数の胞子が飛散し、樹皮や地上に落下する。

胞子が樹皮上に落ち、適当な温度や水分状態になると、発芽して菌糸となる（一次菌糸・一核菌糸）。この一次菌糸（一核菌糸）には細胞核が1つしかなく、きのこを作らない。

一次菌糸（一核菌糸）は栄養分を吸収しながら次第に増殖し、異なる交配因子を持つ他の一次菌糸と融合して二次菌糸（二核菌糸）となる。このあと二次菌糸（二核菌糸）はさらに発達し、一定の環境になると互いに集結して原基（ツボミ）となり、これが成長してきのことなる。種菌は、この二次菌糸（二核菌糸）を培養したものである。

シイタケの生活史

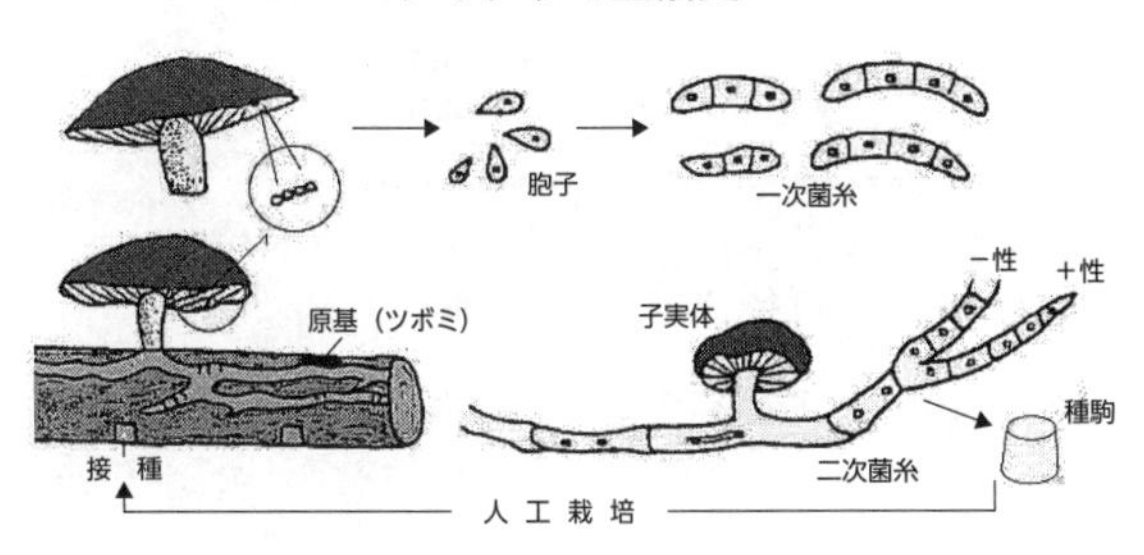

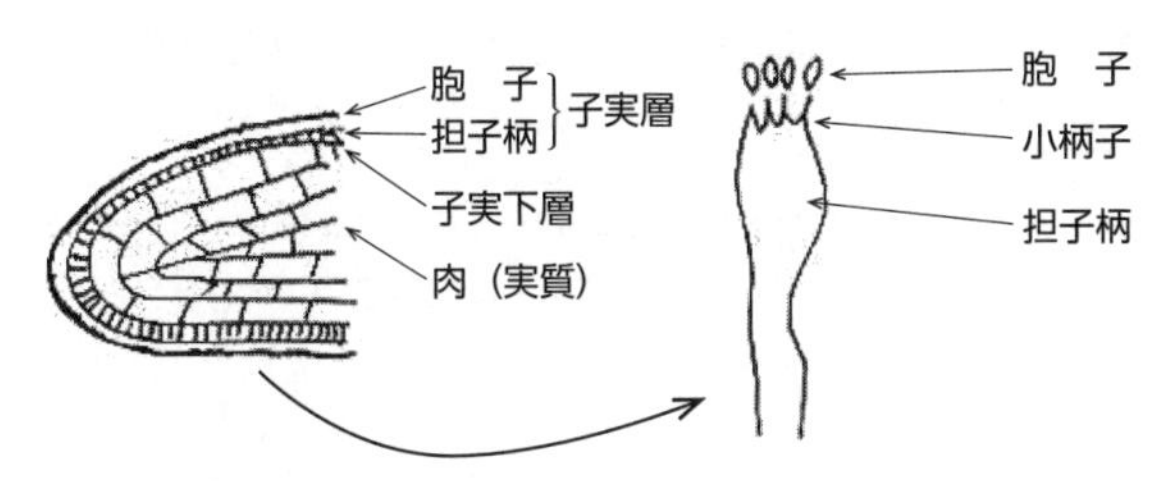

シイタケは担子菌類に属し１個の担子器上（ヒダの部分にある）に異なった性を持つ４個の担子胞子を作る

原基形成とシイタケ子実体の発生

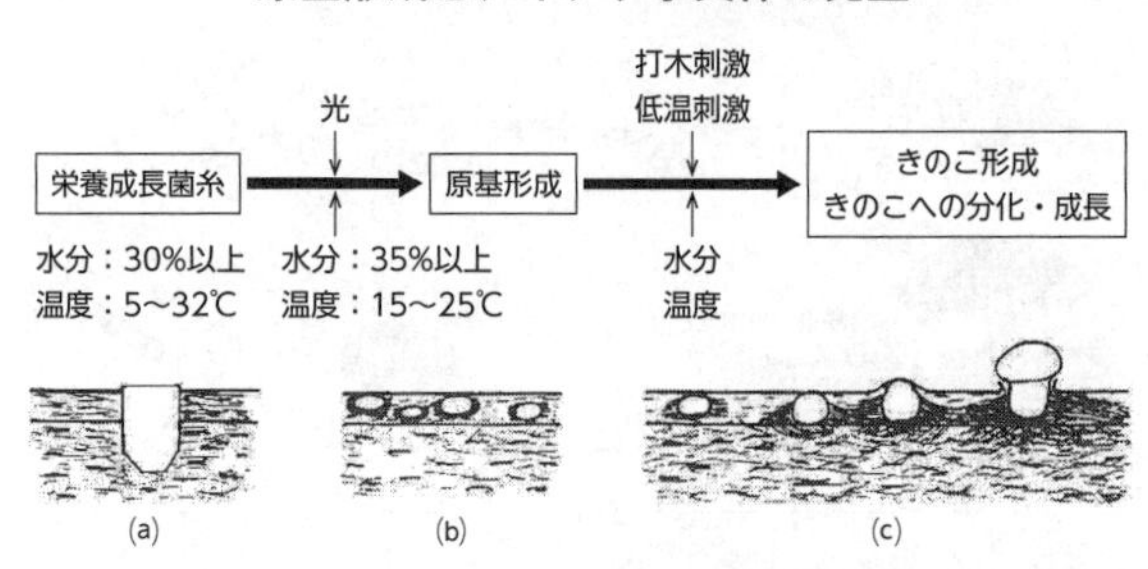

(a)：原木に植菌されたシイタケ菌糸は材内に活着し、木材組織を腐朽分解しながら伸長し、材内にまん延する。

(b)：シイタケ菌糸がほだ木内に十分まん延し、菌糸体量が増した状態で、ほだ木に適度な温度、水分、光が与えられると原基を形成する。

(c)：形成された原基は一定の温度や水分等の条件下で肥大成長を始め、やがてきのこ（子実体）に成長する。

シイタケ菌の性質

①木材腐朽菌…木材組織を腐朽し、これを栄養源として成長する。材中のリグニン、セルロース、ヘミセルロースを分解する。

②死物寄生菌…菌糸は生きた木材内では成長できず、枯死した木材内でのみ成長できる。

③好気性菌…成長に酸素を必要とする。主に材の空隙部に存在する酸素を利用し、材中の水分と空気（酸素）を置換する。

④好日性菌…シイタケ菌糸が子実体に分化するには光を必要とする。（ただし、ほだ木内部での菌糸の活着・伸長には光を必要としない。）

シイタケの栽培

シイタケ栽培には、乾シイタケ栽培と生シイタケ栽培があり、乾シイタケは原木栽培が主体であるが、生シイタケには原木栽培と菌床栽培とがある。

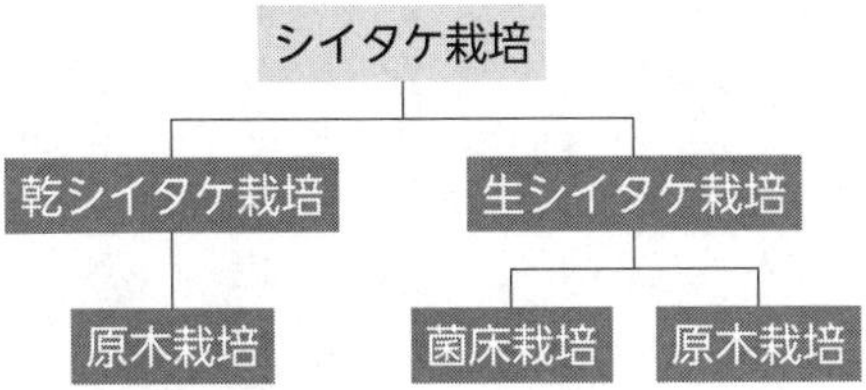

シイタケ栽培
- 乾シイタケ栽培
  - 原木栽培
- 生シイタケ栽培
  - 菌床栽培
  - 原木栽培

シイタケ栽培の規模

シイタケ栽培を始める前に、栽培の規模を決定する必要がある。将来目標を定めず、やみくもに大規模な栽培を開始することは失敗の大きな原因となるので、規模決定に当たっては次の点に留意し、十分に検討することが重要である。

〈規模決定の要素〉

①収入目標…将来の収入目標を得るために必要な規模
②労働力…「自家」・「雇用」の労働力に見合った規模
③資金力…資金力に無理のない規模
④技術力…栽培の技術力に見合った規模

⑤栽培環境…ほだ場の確保（場所）、施設化のための用地、散水・浸水のための水源の有無等を加味した無理のない規模

シイタケ栽培（経営）の3原則

シイタケ栽培を行うに当たっては、栽培の大原則とも言える次の3項目を常に心がけ、経営の安定・向上を目指すことが必要である。

〈3原則〉
①収量アップ…単位当たり収量のアップ
②品質向上…販売単価のアップ
③コスト低減…生産経費の圧縮

乾シイタケの栽培技術

原木乾シイタケ栽培は、シイタケ菌の特性を理解し、適期作業の励行と散水設備や人工ほだ場施設等の有効利用により、天候に大きく左右されにくい栽培技術を確立する（腕を磨く）必要がある。

ほだ木作り

〈作業の流れ〉

原木の選定↓伐採・葉枯らし↓玉切り↓植菌↓仮伏せ↓本伏せ↓伏せ込み中の管理

（用語）

シイタケ原木（原木）：シイタケ栽培に用いる樹木

ほだ木：種菌を接種した原木

樹種別発生量

樹種	1㎥当たり発生量		発生指数		生個重(g/個)
	個数	生重量(g)	個数	生重量(g)	
クヌギ	7,895	92,516	100.0	100.0	11.7
コナラ	8,521	86,060	107.9	93.0	10.1
サクラ	3,354	30,216	42.5	32.7	9.0
シ　デ	3,284	26,999	41.6	29.2	8.2
ク　リ	2,603	25,564	33.0	27.6	9.8
ノグルミ	3,805	23,794	48.2	25.7	6.3

椎茸栽培の技術指針（大分県林産振興室）

原木

樹種

県内で使われている主な原木はクヌギとコナラである。

主な原木樹種の伐採適期樹齢

・クヌギ…10～15年
・コナラ…15～25年
・ミズナラ…15～30年
・シデ、シイ、カシ類…20年以上

伐採

伐採の適期

・原木内の貯蔵養分（炭水化物等）が多い時期。
・樹液の流動休止期で樹皮の剥げにくい時期。
・伐採後の葉枯らしが可能な時期。

伐採の時期の判断目安

・3～7分紅葉の時期（11月上旬～下旬）クヌギ・コナラ。
・最低気温が7℃を切った頃から紅葉が始まる。
・シデ、シイ、カシ等の樹皮の薄い原木は気温の低い寒中が適期。

葉枯らし

目的

シイタケ菌は、生の原木では成長できない「死物寄生菌」なので原木の伐採後は枝葉を付けたままにし、短期間に材内の水分を抜き、乾燥させることにより原木全体を均一に枯死させることが目的。また、シイタケ菌の成長に必要な酸素を材中に与えるため、材中の水分と空気を置換させる。

葉枯らし期間

伐採原木の元木口（直射日光の当たっていないもの）のひび割れが直径の1／2～2／3程度に達した時が良い。

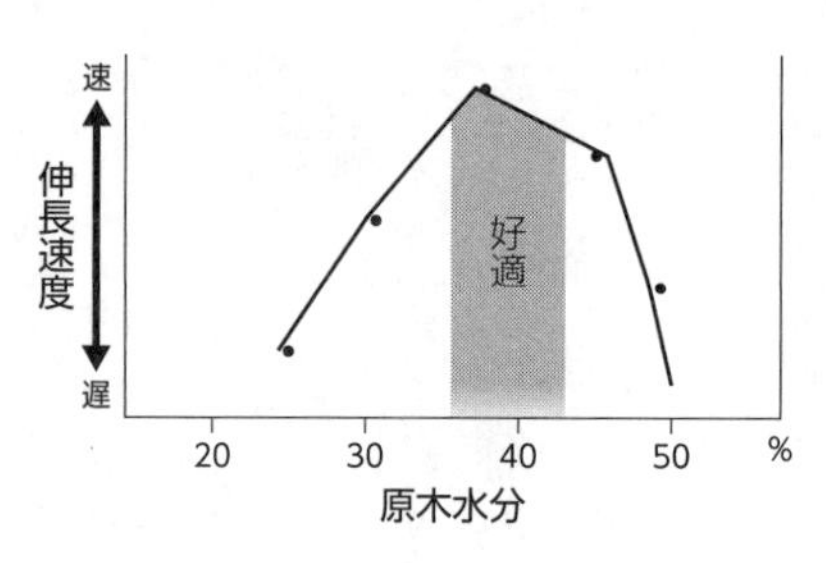

クヌギはコナラに比べてほだ木作りが難しいとされている。辺材部の比重はクヌギが0.9、コナラが0.8で、クヌギの方が空隙率が小さく、菌糸の活着・伸長に時間がかかる。
また、クヌギはコナラより樹皮が厚く、短時間の水分補給では樹皮が給水するに留まり、短時間で放出されやすい。

↓

クヌギはコナラよりほだ木育成に頻繁な水分管理が必要。

・原木の樹種、樹齢、太さや標高、方位、気象条件等によって葉枯らし期間は異なるが、概ねの目安としてクヌギの場合40〜60日程度。
・乾燥しすぎよりも、早めの玉切り接種が望ましい。（オガクズ種菌、成型菌を使用する場合は期間を短くする）

原木水分とシイタケ菌糸の成長

・原木内における成長可能水分：25〜50％
・クヌギ原木内の好適含水率：35〜45％
・下限含水率：30％で成長が悪くなり、20％以下になると成長できなくなる。（10％以下で死滅）
・伐採時の原木含水率：37〜42％（クヌギの場合）

玉切り

栽培に都合の良い長さに原木を切る

（目安）

・乾シイタケ：1.0～1.2m

・生シイタケ：0.9～1.0m

種菌接種（駒打ち）

玉切りされた原木に種菌を接種（植菌）し、種菌内部のシイタケ菌糸を原木に活着・まん延させる重要な作業。

種菌（種駒）の種類

種類	種駒の形状	接種時含水率（湿量基準）%	特徴
木片駒	木片（主としてミズナラ、ブナ）にシイタケ菌を蔓延させたもの	50〜60	・乾燥等に対する耐性が比較的強い ・これまで使用例が多い ・多くの品種が市販されている
オガクズ種菌	オガ粉にシイタケ菌を蔓延させたもの	60〜65	・接種後の乾燥に弱い ・接種作業が繁雑で、熟練を要する ・封ロウ作業が必要 ・活着・初期伸長が早い ・年内発生が見込める ・主として生シイタケ栽培に用いられる
成形駒	オガクズ種菌を駒状に成型し、上部に発泡スチロールの蓋をつけた種菌	60〜65	・蓋が脱落しやすく、乾燥に弱い ・接種作業が比較的楽である ・活着・初期伸長が早い ・年内発生が見込める

種菌（種駒）の保管

・購入した種菌は冷暗所に保管し、なるべく早く接種すること。
・購入直後にカビ等の混入がないことを確認する。もし種菌に少しでも異常が確認された場合は使用せず、速やかに購入先または種菌メーカーに連絡すること。

種菌含水率と活着（種駒の初期管理）

木片駒の含水率は50％～60％であるが、40％前後で安定した発菌を示し、20％以下では外部からの水分補給がなければ発菌できない。

1日の平均気温が8～10℃の場合、4～5日後には接種後の木片駒の含水率が30％以下に低下し、外気温が高いほど急速に低下する。植菌後、外気温が急上昇し、長期間降雨がない場合には活着不良となる。

種駒含水率と発菌

種駒の含水率を調整し、10℃で培養した結果、

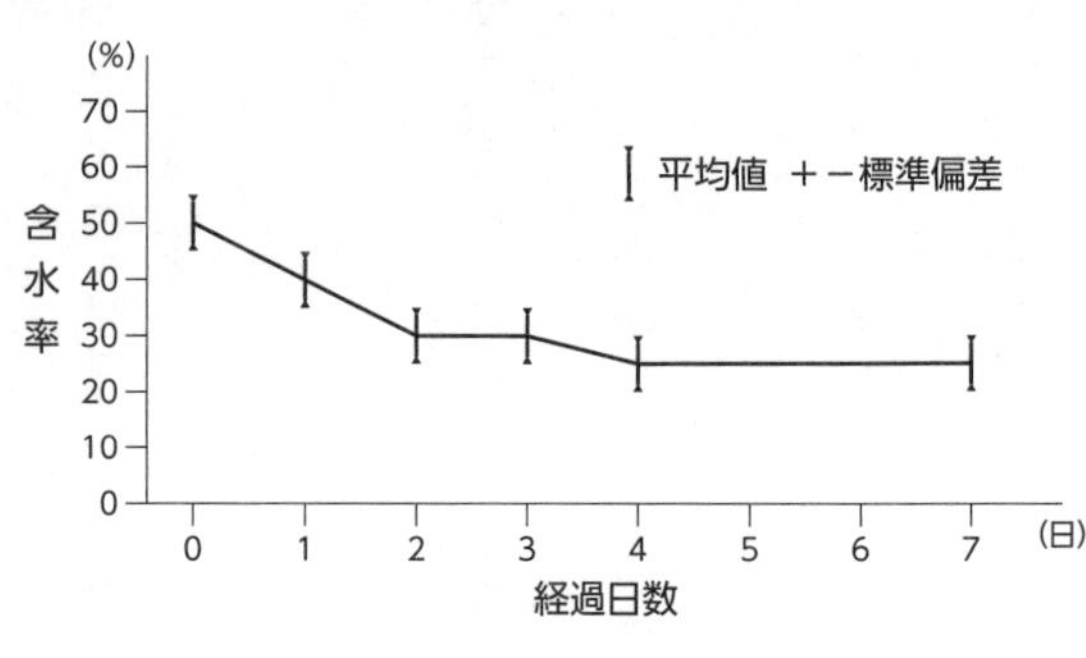

①種駒の含水率35～45％でよく発菌
②種駒の含水率30％でうっすらと発菌
③種駒の含水率20％で発菌しない（原木に植菌して4～5日でこの状態になる）

いったん含水率が20％程度まで低下したものは、その後、吸水し発菌しても伸長速度は大きく遅れる。

種駒含水率と伸長

シイタケ菌糸の伸長は種駒含水率が35～40％の間が最も大きく、市販されているほとんどの品種で40％程度が最大である。

種菌の発菌と含水率（まとめ）

①3月に原木に植菌した木片駒は4日後には含水率が20％程度まで低下し、含水率が20％に低下した駒は外部から

の水分補給がなければ発菌せず、その後、水分が供給されても、発菌・伸長は遅れる。
②木片駒は含水率35〜40％程度で安定して発菌・伸長する。
③植菌後、種菌を乾かさないよう管理することがほだ木作りのポイントとなる。

種駒への水分補給

散水時間
ほだ木に6時間強制散水した後、種駒部、種駒周辺辺材部、樹皮部、中心部の含水率変化を1時間毎に調査した結果は次のとおり。（1時間当たり散水量20㎜）
・種駒の含水率変化…散水前35％程度であったものが、1時間後には50％を上回り、6時間後には60％まで上昇する。
・樹皮部の含水率変化…2時間程度で飽和状態になる。
・種駒周辺の辺材…時間の経過に伴い緩やかに上昇する。

シイタケ菌糸の伸長と温度

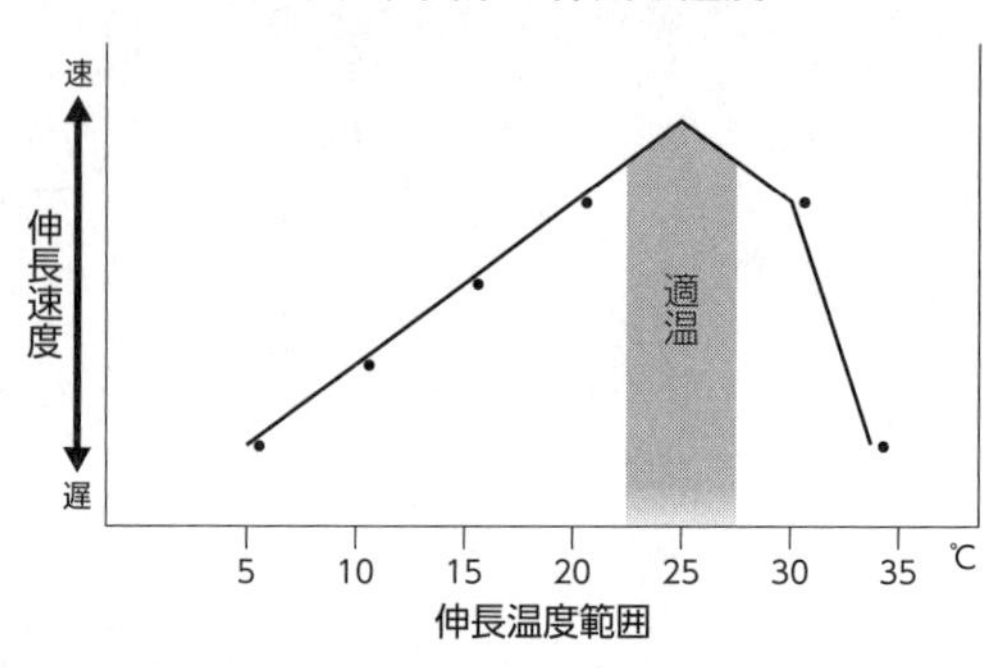

(a) 5℃ぐらいから伸長を開始。

(b) 25℃前後で最高、30℃を超えると急速に低下。

(c) 35℃以上の高温に長時間さらすと死滅。

(d) 40℃では30 ～ 60分、45℃では10分で死滅。ほだ木が直射日光にさらされると、樹皮下も高温となり伸長は遅延する。夏季の直射日光に長時間さらされると死滅の恐れあり。

植菌（駒打ち）時期

シイタケ菌の接種は2月～3月の低温期に行い、害菌が旺盛な成長を開始する前に活着及び初期伸長をさせておくのが理想である。

適期は2月上旬から4月上旬（梅の開花期から桜の開花期）。

植菌数

木片駒

菌糸は、植菌した年の秋（10月）頃までに、道管、木繊維の縦方向に20～25㎝、横方向に5～6㎝と縦方向に早くまん延する。

このため植菌する間隔も縦に長く、

横に短く、千鳥状に植菌する。

植菌数の目安は原木末口直径（cm）数値の概ね2倍を標準とする。

オガクズ種菌

・主として生シイタケ生産

・縦方向に15cm、横方向に3cm

・直径10cm、長さ1mで、1本当たり25～30個程度（多植の場合は40個～90個）

成形駒

・乾シイタケ生産：1本当たり20個程度

・生シイタケ生産：1本当たり50～60個程度（多植は40～90個）

植菌上の注意

・袋から取り出した種菌は直射日光に当てたり、土を付けないよう注意する。

・玉切り後は時間を置かずに植菌作業にかかる。特にドリルで穴を開けた場合は乾燥を防ぐた

木片駒

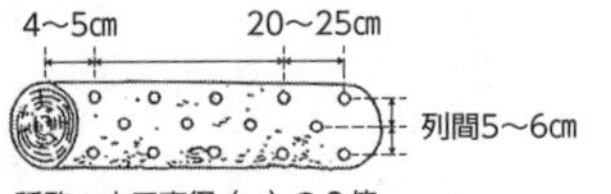

種駒：木口直径（cm）の２倍
程度が標準

大径木の際の深植え

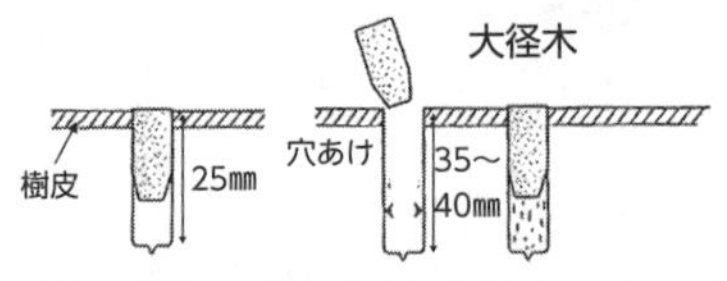

植穴の深さは通常25mm程度、大径木は深植（35 〜 40mm）とする。

オガクズ種菌

穴の数と配列

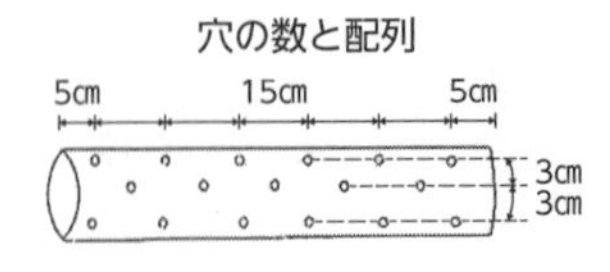

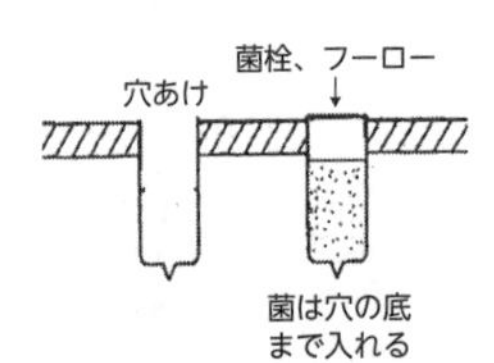

成形駒

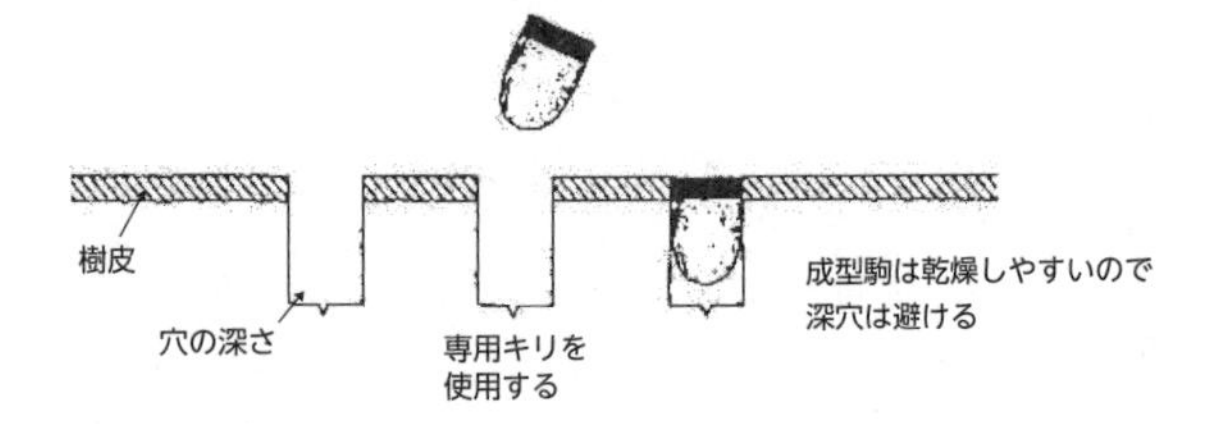

め、その日のうちに植菌を完了すること。

・植菌の大きさに合ったドリルを使用し、穴の深さは種菌の長さよりやや深めにする。（深さの目安25㎜。材内部の水抜けが悪い場合は、やや深めにする。）
・接種した駒の上面が原木樹皮表面に平滑になるよう埋め込む。
・大径木、老齢木は樹皮が厚いので種菌が材部に届くようやや深めに接種する。（深さの目安35～40㎜）
・害菌の侵入を防ぐため、傷口、枝の切り口近くに植菌する。
・植菌したほだ木は、直射日光に当てないよう注意する。
・穴開け時に使用するキリは、種菌の種類やメーカーにより異なるので、指定のキリを使用すること。

仮伏せ

植菌後のほだ木は風や直射日光を当てないように管理し、種菌の乾燥を防ぐとともに、ほだ木に不足した水分を戻し、確実に植菌した種菌が活着・伸長するよう、保温・保湿管理を行うのが仮伏せである。
ただし、仮伏せの期間は梅雨入り前までとする。
また、植菌時期が遅れた場合（4月中旬以降）は仮伏せは行わず「本伏せ」とする。

場所

・雨（水）が良く当たり、かつ排水の良い場所。
・風でほだ木が乾燥しない場所。
・日当たりが良く温度が確保できる場所（ただし直射日光は当てないようにする！）。
・散水が可能な場所（人工ほだ場等でも良い）。

横積み法

地面に枕木を置き、ほだ木を横積みに並べる。大径木で2～3段、小径木で6～7段、高さは60㎝以下とする。高すぎると雨の通りが悪く活着ムラが生じたり、中心部の通風が不足し害菌着生の原因となる。積み終えたら、上面は雨が良く通り、且つ庇陰ができるように笠木やダイオネットで被覆する。周囲も同様に笠木やダイオネットで被覆する。

地伏せ法

過乾燥気味の原木に植菌した場合や降雨が少なく活着が厳しいと判断される場合に有効な方法。植菌後のほだ木を地面に一列に並べ、上面は雨通りの良い資材で覆い、直射日光・乾燥・風を防ぎ、保温・保湿を図る。寒冷期で15～30日、気温上昇期で10～15日経過した後、ほだ木裏側（地面側）の種菌の頭部が白く発菌したら表側を裏返し発菌を促す。

散水施設がある場合の仮伏せ（散水による初期水分管理）

木片駒の場合、植菌後ほだ木を棒積みにし笠木（できればシェード等で覆い保温）を掛け、十分散水する。その後、降雨がない場合、3～4日毎に2時間程度の散水を行い、種菌含水率の低下を防ぎ菌糸の活着と初期伸長を促す。オガ菌及び成形駒は接種後の乾燥条件に弱いため、必ず散水管理する。その際、散水時間は木片駒よりもやや長めにする。

水が確保できない現場では、水タンク、ポンプを用いた簡易散水施設等を活用することで効果が得られる。

仮伏せの期間

本伏せに移行する時期は、種駒の頭部が白く発菌したのを確認し、春子の収穫作業が終了する4月下旬～5月上旬を目安とし、梅雨前には本伏せに移す。

本伏せ（伏せ込み）

活着したシイタケ菌糸をほだ木内にまん延させるための重要な作業であり、その方法には、伐採跡地や管理しやすい平地等での「裸地伏せ」と、林内を利用する「林内伏せ」、また、人工ほだ場等の施設を利用する方法がある。

伏せ込みの適地（6乾4湿）

・方位は南または南東向きの日当たりの良い場所（直射日光に注意する）。
・凸型をした地形で、周囲が開けているところ。
・雨当たりの良い場所。
・降雨時の排水が良く、短時間に地表面が乾くところ。

伏せ込み地の林相と伏せ込み型の例

林　相	伏せ込みの型
裸地	鳥居、ヨロイ
落葉樹林	ヨロイ、ムカデ、鳥居
常緑広葉樹林	ヨロイ、ムカデ
スギ、ヒノキ、竹林	ヨロイ、井桁
人工ほだ場	ヨロイ、井桁

・風通しの良い山の中腹から上が良く、霧が停滞するような谷部は避ける。
・林内伏せの場合は、特に通風、排水の良いところを選ぶ。

伏せ込み型

・鳥居伏せ…比較的多く行われている。風通しが良く理想的な形。
・ヨロイ伏せ…鳥居の中に小、中径木を入れる。比較的乾燥地に適する。
・ムカデ伏せ…林内伏せで行われる。作業が簡単で急傾斜地に適する。
・井桁伏せ…通風や排水の良い林内で行われる。積み上げるほだ木の高さは1m以内とし、上下の積み替えを行い降雨ムラをなくす。

裸地伏せ込み

列の長さは
10mくらいまでに
とどめる

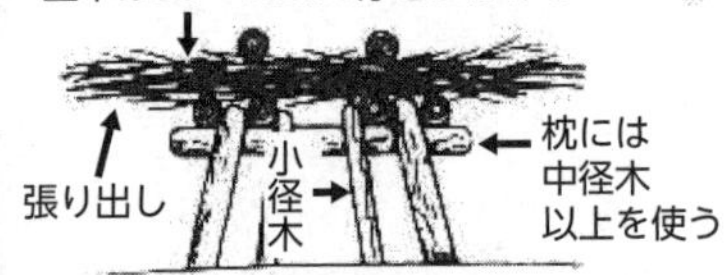

ヨロイ伏せでは中のほだ木は
小径木を２本くらいとする

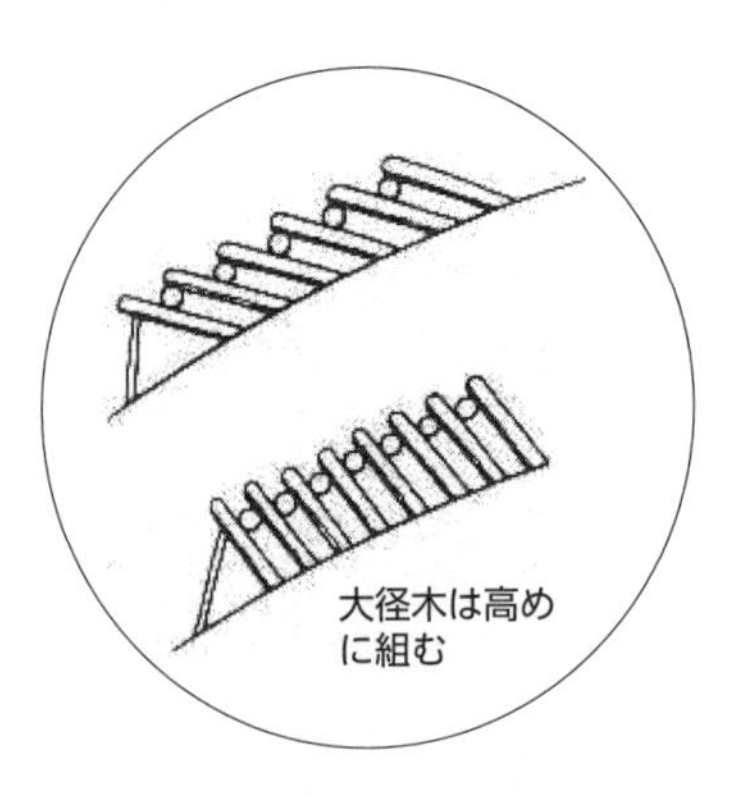

〈三角伏せ〉

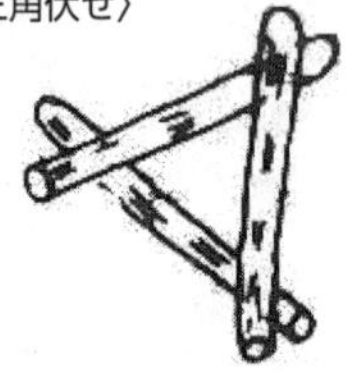

〈ムカデ伏せ〉

林内伏せ込み

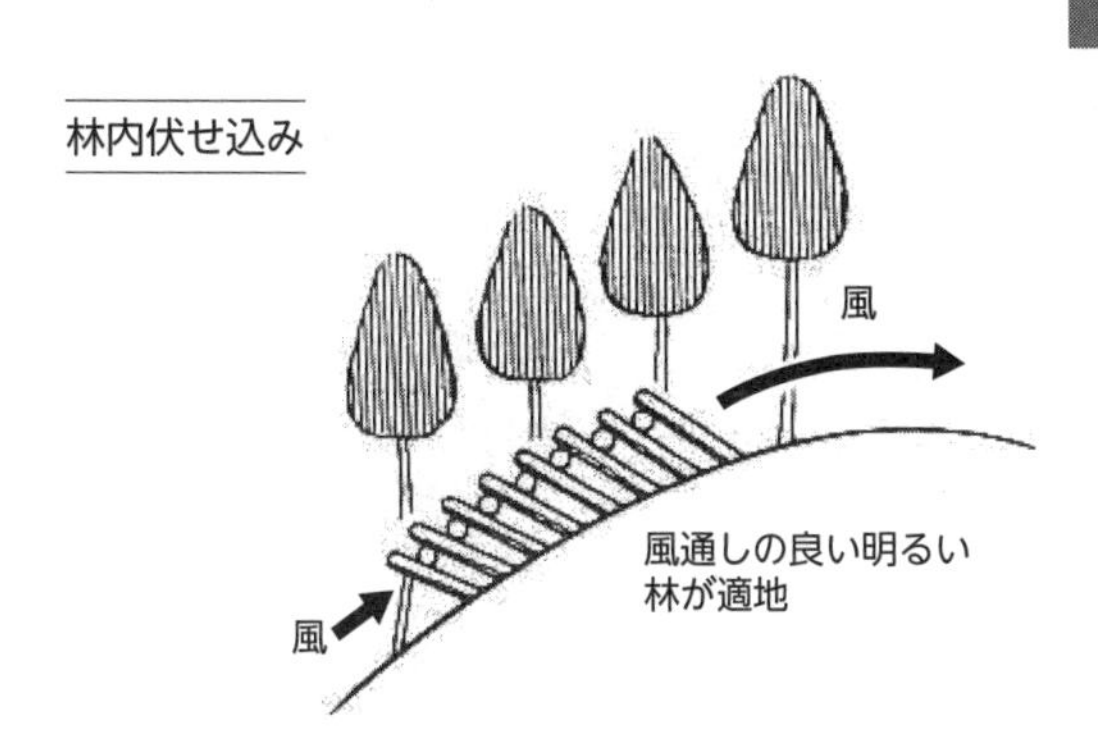

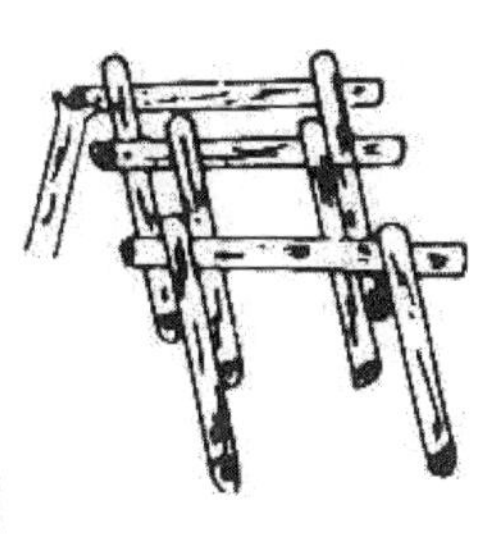

〈井桁伏せ〉

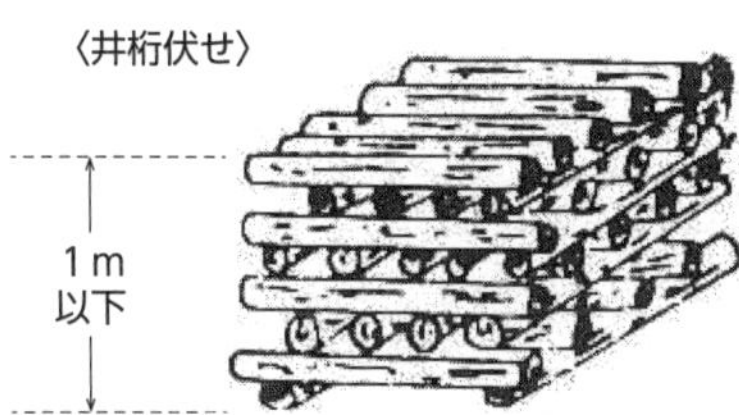

〈ヨロイ伏せ〉

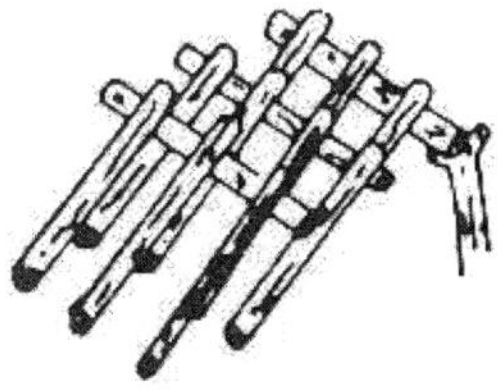

伏せ込み作業の要点

伏せ込みの高さ（鳥居、ヨロイ伏せ）

・膝上（地表から約60㎝）を標準とするが、乾燥する場所は低めに、湿度の高い場所は高めに組む。

裸地伏せ

・笠木は光線がチラチラ当たる程度にし、雨水が原木に均一に掛かるような掛け方にする。
・笠木幅は伏せ込みの高さ程度横に張り出し、原木に直射日光が当たらないようにする。特に西日が当たらないように、列の向きや笠木の張り出しを調整する等の注意が必要。

林内伏せ

・直射日光を受ける部分には薄く笠木等を掛けて被陰する。（この場合、通風不良で過湿環境にならないよう注意する）
・下草、落葉等は除去し、通風や排水に注意する。
・温度が確保できる場所を選定する。

笠木にダイオネット（遮光率75％）等を使用する場合

ほだ木とネットの間に空間（最低15㎝程度）を設け、側面は両サイドに張り出し、通風を良くするとともに直射日光を避ける。（ネットを直接掛けると高温障害を受ける）

伏せ込み中の管理

・梅雨時期から夏期にかけては、下草が繁茂し、通風が悪くなるので梅雨前後、と秋口（9月）に下草刈りを行う。（乾燥する伏せ込み地や気象条件によっては下草刈りの調整が必要）
・梅雨時期は笠木を薄めに、梅雨明け後は平常に戻し、高温多湿による害菌の侵入や高温障害を防ぐ。特に夏期の西日が当たらないように注意し、適宜、笠木を補修する。
・人工庇陰資材（ダイオネット等）を笠木の代用として使用する場合は、雨通りの良い編み目のやや大きいねじれよりのものを使う。特に伏せ込み列内部の通風対策と西日がほだ木に当たらないように管理する。
・林内伏せの場合、新緑期になると林内の環境（庇陰、湿度）が変わるので、間伐・枝打ち等を適切に行い環境を調整する。
・井桁伏せにおいては、梅雨明け後、菌糸をほだ木内部に平均して繁殖させるため、上下のほだ木の組み替えを行うと良い。

・台風通過後は必ず伏せ込み地を見回り、笠木の薄くなった部分等の補修を行う。

・特に伏せ込み2年目は風雨等により笠木の枝葉が薄くなっている場合があるので、薄くなった部分は適宜補修を行う。

ほだ起こし

シイタケの成長に適する風の当たらない温暖な環境下（ほだ場）へほだ木を移動し、採取しやすいように合掌に立て込む作業。

ほだ場の選定（ほだ場に適する条件（4乾6湿））

林内ほだ場

・伏せ込み場よりやや湿度が高く、山の中腹以下の南東向きで風当たりが少なく、排水の良いところ。

・スギ、ヒノキ（10～20年生）の明るい林内。広葉樹林や竹林も適。

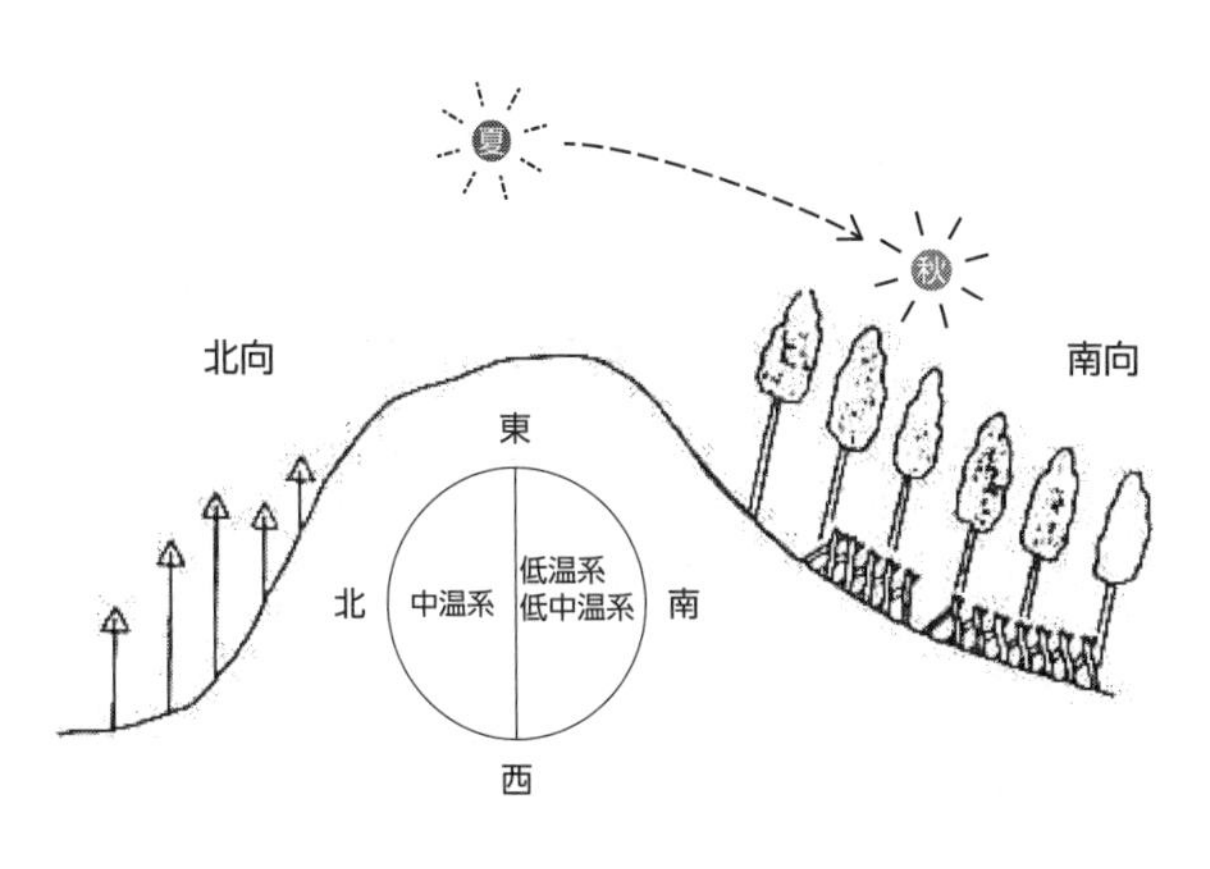

・道路（公道、林道、作業道）に近く、ほだ木の搬入等が容易な場所。
・風の強いほだ場は防風垣や防風ネットによる防風対策が必要。
・散水による水分管理で安定した栽培を行うため、水源が確保できるところ。（水源確保が困難なほだ場は簡易散水施設等を積極的に活用する）
・家や乾燥場に近く、緩傾斜地で作業性が良く、管理の行き届く場所。

人工ほだ場

・排水の良いところ。（特に水田跡に設置する場合は、排水溝を設けるなどの対策が必要。）
・水源が確保でき、日当たり、風通しの良い場所。
・自宅や乾燥場の近くで車両の乗り入れが容易な場所。

・直射日光を防ぐため庇陰資材の張り方（間隔等）や張る方向を現地で十分検討すること。（人工ほだ場と林内ほだ場の比較）
・人工ほだ場は平地での作業となるため、労働が軽減されるとともに機械化が可能となり作業効率が上がる。
・人工ほだ場は散水やビニール掛け等により水分・温度管理がある程度人為的に制御できるためシイタケの発生が分散化される。
・人工ほだ場は雨よけ設備の設置が容易であり、良品での採取が可能となる。
・人工ほだ場は施設整備費用を要する。
・人工ほだ場は設置場所や環境管理の方法によっては、高温障害や害菌の侵入を招きやすく、林内ほだ場に比べて細かな管理を要する。

ほだ起こし

・ほだ起こしは、一夏経過後に行う1年起こしと、二夏経過後に行う2年起こしがあり、大分県では2年起こしが一般的に行われている。
・ほだ起こし作業の際、長時間直射日光に当てるとほだ木が傷むので、作業は曇天の日か朝夕

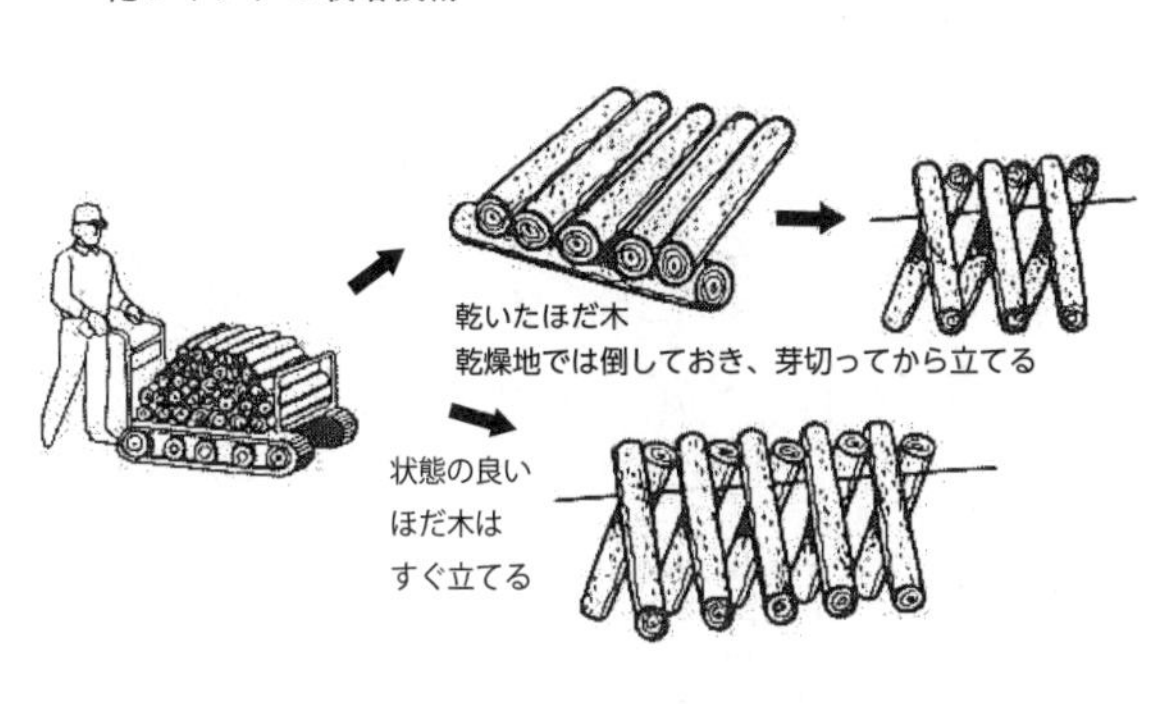

の日射しの弱い時に行うほか、作業時には樹皮を傷つけないように注意する。

・ほだ起こし作業は、一般的に10月～1月に行うが品種（低温菌、中温菌等）により発生温度帯が異なるので、品種の特性を十分に理解して作業時期を決める。

・品種によってはほだ起こし後（移動刺激）に散水を必要とする品種や、ほだ木への水分供給を遮断して抑制を必要とする品種があるので、使用品種の特性に合った管理を行う。

ほだ場管理と原基作り

・林内ほだ場は樹木の成長等に伴い環境が変化するので、枝葉の繁茂等により暗くなったほだ場は、適時、間伐・枝打ち等を行い、良品の採れるほだ場環境を整える。

・ほだ木から均一にきのこを発生させるため、休養期にほだ木の天地返しやほだ回しを行う。

・発生2年目以降のほだ木（古ほだ木）は、初秋から散水や倒木を行い水分を補給する。
・夏期高温時期は高温多湿による害菌の侵入やほだ木の自己消化（消耗）を避けるため、周囲の防風ネット等は除去して、通風促進を図る。

発生と採取

・シイタケは品種によって発生時期が異なり、発生温度（刺激）とほだ木内水分の条件が整うことで発生が始まる。
・低温期に発生したきのこは、袋かけやビニール被覆で保温・保湿することで、きのこの生育促進を図り、大型で良品のシイタケを採取する。
・採取時期は目的とする品柄（冬菇、香菇、香信）で収穫するように適期採取に努めるほか、日和子での収穫に努める。
・収穫は品種特性に応じた品柄で採取する。
・春先の降雨を伴う気温上昇時は特に品質低下（一斉開傘による収穫遅れ、雨子採取等）が危惧されるので、雨よけ対策を積極的に実施する。

・採取したシイタケは丁寧に取扱い、収穫後は速やかに乾燥する。

シイタケの呼称

発生時期の違いによる呼称

春子（はるこ）…春に発生したシイタケ。
秋子（あきこ）…秋に発生したシイタケ。
藤子（ふじこ）…藤の花が咲く頃に発生したシイタケ。
寒子（かんこ）…冬の寒の時期に発生したシイタケ。
雨子（あまこ）…降雨後の湿度の高い時に、水分の多い状態で採取したシイタケ。
日和子（ひよりこ）…晴天時に水分の少ない状態で採取したシイタケ。

品柄の違いによる呼称（シイタケの大きさと傘の開き具合によって区分）

冬菇（どんこ）…傘の開き具合が5～6分開きで半球形状。
天白冬菇（てんぱくどんこ）…「冬菇」のうち傘の亀裂が白色であるもの。
茶花冬菇（ちゃばなどんこ）…「冬菇」のうち傘の亀裂が茶褐色であるもの。

上冬菇（じょうどんこ）…「冬菇」のうち傘に亀裂のないもの。

香信（こうしん）…傘の開き具合が7～9分開きのもの。

香菇（こうこ）…傘の開き具合は6～7分開き（「冬菇」と「香信」の中間）、半球形状で厚肉。

シイタケの有用成分

グアニル酸…シイタケ特有の旨味成分。

レンチオニン…乾シイタケ特有の香りを出す成分。

食物繊維…乾シイタケは41・0g（可食部100g当たり）の食物繊維を含み、大腸癌や生活習慣病の予防に寄与する。

エルゴステロール…シイタケを紫外線に当てるとエルゴステロールがビタミンDに転換する。（料理の前に天日に当てると良い）

エリタデニン…シイタケ特有の成分でコレステロール値を下げる効果がある。

シイタケ品種の特性

乾シイタケ用の品種

一般に市販されているシイタケの品種は、中温性品種（秋出系品種、春秋出系品種）、低温性品種（春出系品種）、高温性品種（夏秋出系品種）の3系統に大別され、乾シイタケ栽培では中温性品種、低温性品種の2系統が主に使われている。この2系統の中には多くの品種があり、発生時期やシイタケの形質、菌糸伸長速度等は品種によって異なる。

・大分県内では約20品種（主に中温性品種、低温性品種）が使用されている。

・大分県で使用されている種菌の殆どは、森産業・日本きのこセンター・セッコーの3種菌メーカーの商品で、大分県椎茸農業協同組合、ＪＡ、森林組合等を通じて販売されている。

発生型（発生温度）

中温性品種（秋出系品種、春秋出系品種）

発生温度は10～20℃。この系統は、温度変化、降雨などのわずかな刺激にも敏感に反応し、きのこが発生する。

自然発生は秋から春であるが、秋の発生はほだ木が古くなるに従い少なくなり、春の発生が多くなる傾向がある。分散的に発生するため主に施設を利用する生シイタケ栽培には不向きで、乾シイタケ栽培に適している。

発生1年目・2年目で1代収量の大半の発生が終了する品種もある。

低温性品種（**春出系品種**）

発生温度は5～15℃。自然発生は春秋で、特に春の発生が多く集中的に発生する。乾燥用に適し、他の品種より腐朽力は弱いがほだ木の寿命が長い。

高温性品種（**夏秋出系品種**）

発生温度は15～25℃。自然発生は少なく、発生には浸水等の発生操作が必要。発生温度の幅が広く、刺激を与えるとほぼ年間を通じて発生するので、生シイタケ栽培に適している。他の品種に比べ腐朽力が強く、ほだ木の寿命は短い。

発生時期

秋出系品種

秋に多く発生し、また晩春の頃わずかに発生する。

春秋出系品種

春も秋も発生するが、一般に春の発生量が秋に比べて多い。

春出系品種

春に多く発生し、秋に発生することもある。気温の低い早春から発生するものと、暖かくなってから発生するものとがある。

夏秋出系品種

浸水等の発生操作によって、夏から秋にかけて多く収穫する品種で主に生シイタケ栽培に使用される。

品種の選定

品種の選定に当たっては、栽培環境（地域の気候やほだ場環境）、市場性、労働配分等個々の栽培環境や経営方針に合わせて決定する必要がある。

ほだ場の環境

①スギ、ヒノキ林でやや暗く湿度の高いほだ場

香信の発生に向くが降雨後は雨子になりやすく歩留まりが悪いので、肉質の充実した歩留まりの良い品種を選定する。

②北向きで温度の低いほだ場

春出系の品種では発生時期が遅れ、一斉に開傘することから、春出系品種より低温発生型の秋出系品種が良い。

③常緑広葉樹、竹林、明るい若齢のスギ林

すべての品種に適するが、湿度が低い場合は春出系の大型のきのこが発生する品種を選定すると良い。

地域の気候やほだ場の方位

①高冷地で秋の気温低下が早く春の気温上昇が遅い地域
秋出系より春出系品種を選ぶ方が良い。

②ほだ場が南東斜面から北斜面まで広くある場合
南東斜面に春出系品種、北斜面には秋出系を選ぶ。また、いずれの斜面にも春出系品種を選び、採取時期を分散する方法もある。

労働力

①労働力が少ない場合は、分散発生型で多収性の品種を選定する。

②使用品種のほだ起こし時期や発生時期を踏まえ、他の経営作物等と作業時期が重複しない品種を選定する。

種菌の管理と保存

種菌は栽培の基礎となるので、説明書をよく読み、正しく取り扱う。
なお、種菌を取り扱う際は、次の事項に留意すること。

・種菌は長期保存を避け、入荷したらできるだけ早く、植菌作業に取り掛かる。
・種菌は、15℃以下の風通しの良い冷暗所に保管する。
・10℃以下で保存した種菌は、植菌作業3日前に常温に戻して使用する。
・種菌は直射光線の当たる所や暖房器具などがある温度の高い場所には置かない。
・種菌は農薬や肥料などと同じ場所に保管しない。

乾シイタケ栽培用主要品種の特製と栽培管理

メーカー 品種名	季節型 発生型	生長温度域（℃） 発生時期(地域差有)	品種特性	発生操作 新木 ほだ起こし時期	発生操作 新木 散水等	発生操作 古ほだ（2才以降） 散水等	生産者等の コメント
森産業 290	秋春型 中低温性	7～20 9月下～6月上	①ほだ化は121号などより早い。 ②乾・生シイタケ両用品種。 ③3才木までに一代収量の95％が発生。 ④冬菇・香菇・茶花冬菇生産に向く。 ⑤散水での発生が容易。 ⑥一代発生量　19kg／程度と多収性。	①最低気温が14℃前後、9月中旬～10月上旬 ※気温が高い時期に行うと、柄が長く薄葉になりやすい。 ②平均気温が15℃以下に低下すると傘に丸みが増し肉厚のきのことなる。 ③ほだ場は湿度が高く、温暖な場所が良い。 ④湿度が低い場所では、防風ネット等で保温・保湿を図る。厳寒期はほだ木コート等で被覆。	①ほだ場搬入後1日3～4時間の散水を3～4日継続する。 ※連続散水20～24時間 ②散水施設がない場合は、倒木し、芽切りを確認したら立て込む。 ③散水、発生の繰り返しで年末までに3回程度収穫が期待できる。発生の80％程度を採取してから12～24時間程度の散水を行う。散水が長すぎると小葉になることがある。	①最低気温が10℃前後になった頃（10月頃）移動や天地返し後、散水する。 ②夏期は、ほだ場の通風を図り、秋の発生前には、天地返し、ほだ回しを実施。	①散水施設があると発生が安定する。

メーカー 品種名	季節型 発生型	生長温度域（℃） 発生時期（地域差有）	品種特性	発生操作			生産者等のコメント
				新木		古ほだ（2才以降）	
				ほだ起こし時期	散水等		
森産業 ゆう次郎	秋春型 中低温性	7～20 10月中～5月下	①ほだ化は低温性品種に比べると早い。 ②傘は淡褐色・大葉・厚肉。 ③冬季に発生したきのこは花柄になりやすく、亀裂は細かい。 ④冬菇、香菇用。 ⑤傘の巻き込み5～6分開きで採取すること。（採取時期がポイント） ⑥一代発生量　20kg／程度と多収性。 ⑦3才木までで一代収量の90％が発生。	①最低気温が10℃前後、10月下旬から11月上旬。 ※早すぎても遅すぎても良くない。 ②人工ほだ場やハウス等、保温できる施設では、やや遅れても影響は少ない。 ③ほだ場の条件は290に準ずる。 ※やや湿度のあるほだ場が良い。	①ほだ場に立て込み後、即散水する。連続散水は12～24時間、間欠散水は1回3～4時間を3，4日継続する。 ②芽きり後に降雨が少ない場合は、朝10時頃までに15～30分程度の散水をする。 ③散水施設がない場合は、倒木し、芽切りを確認したら立て込む。	①最低気温が10℃前後になった頃（10月頃）移動や天地返し後、散水する。 ②夏期は、ほだ場の通風を図り、秋の発生前には、天地返し、ほだ回しを実施する。	①ほだ起こし後、1.5～2mに棒積みにし1日30分～1時間、3日続けて散水後、立て込む。 ②11月から翌年4月まで散水を適宜行うことで次々に発生する。 ③採取後はすぐに乾燥する。 ④採り遅れないようにすることが大切。 ⑤最低気温10℃以下で起こす。早すぎると発生良くない。起こし時期に注意。 ⑥比較的明るいほだ場の方がきのこに艶が出る。

森産業 新 908	春秋型	7～18	①春秋用としては発生時期が早い。 ②温暖地向き。 ③刺激に敏感で、集中発生型。 ④きのこの色は明るく、軽い。 ⑤冬菇・香菇・香信いずれも採れる。 ⑥発生時に水分が少なくても発生しやすい。 散水施設がないほだ場でも良い。	①最低気温7～8℃で最高気温が17℃以下となった頃。 ②散水施設がない場合は、降雨後に起こす。 ③ほだ場は南東から南向きの暖かい場所。 ④防風垣の設置。 ⑤低温刺激（0℃以下）があり、昼夜の温度差が10℃前後あるほだ場が良い。	①ほだ場搬入後、即、6時間程度、1～2日散水する。（1度に長時間の散水は集中発生し小葉になりやすい。（間欠散水が良い）） ②収穫後は1～2時間の散水を行い、ほだ木の回復を促し、30～40日休養後、再び散水し春子の発生を促す。 ③散水施設がない場合は、倒木し芽切り後立て込む。（降雨後の倒木はしない）	①最低気温が6～8℃、最高気温15℃以下になった頃、散水（ほだ木の状況により間欠散水）6時間程度を2～3日行う。 ②散水施設のない場合は、11月下旬～12月中旬頃倒木し水分供給を促す（降雨後の倒木はしない）。 ③古ほだになるほど、発生には強い刺激が必要。(天地返し、移動、抑制、散水、低温。	①ほだ木が硬いと1箇所に集中発生し、品質を落とすこともある。 ②集中発生し、小葉が多い。
	低中温性 (集中発生型)	11月～4月					
森産業 121	春出型	7～18	①春出のスタンダード品種。 ②きのこは軽いがボリューム感有り。 ③商社の要望も強い。 ④ほだ木一代の発生期間が長い。 ⑤ほだ木の出来に	①最低気温が5℃を下回り、2、3回の降霜後に起こす。(11月上旬～12月上旬) ②ほだ場は温暖でやや湿度が高く明るいほだ場が良い。 ③防風垣の設置。	①ほだ場搬入後、1日3～4時間を3～4日連続散水する。（全散水時間12～24時間） ②散水施設がない場合は搬入後、倒木状態にし、芽切り後立て込む。	①夜間の最低気温が5℃前後になった頃、移動や天地返し後に、24時間程度散水すると、秋子、春子の発生が多くなりきのこも大型化する。 ②ほだ場は明るめにする。	
	低温性	1月中下～5月上					

メーカー 品種名	季節型 発生型	生長温度域（℃） 発生時期(地域差有)	品種特性	発生操作 新木 ほだ起こし時期	発生操作 新木 散水等	発生操作 古ほだ（2才以降） 散水等	生産者等の コメント
			よっては秋の発生がある。				
森産業 908	春出型 低温性	5～18 12月～4月	①きのこの形状が良く、明るい色の冬菇、香菇、香信が採れる。 ②集中発生型。 ③低温刺激（5℃）が必要。 ④商社・市場の評価高い。 ⑤冬期にほだ木が十分低温の刺激を受けた後、春先の変温が来ると発生。	①最低気温が5℃を下回り、最高気温15℃以下になる頃2～3回の降霜後。 ②ほだ場は、冬期に冷え込む南、南東向きの昼夜の温度差が有る場所が適する。 ③散水施設がない場合は降雨後に起こすと発生効果が出やすい。	①ほだ場搬入後、即12時間程度散水する。ほだ木の状況を見て1日6～12時間の散水を1～3日行う。 ②収穫後は1～2時間の散水を行いほだ木の回復を促し、30～40日休養後、再び散水し発生を促す。	①12～1月は抑制し、寒波に併せて散水を行う。 ②散水施設がない場合は、12～1月に倒木し、芽きり後に立込む。 ③4才以降のほだ木にはナタ目を入れ散水又は倒木を行う。	
森産業 春光	春出型 低温性	7～20 11月～5月上	①きのこは淡褐色で変形は少ない。 ②ヒダは密で立つ。 ③傘の巻き込みは強く耳の残りが良い。 ④冬菇、香菇、香信と幅広く採れる。	①最低気温5℃以下になった頃起こす。 ②香信の収穫をねらうなら、温暖で湿度の高いほだ場が良い。	①ほだ場搬入後、即12時間程度2日連続散水する。また、3時間程度の散水を3～4日間連続して行う。 ②2月中旬から芽切りが始まるので、	①12～1月は抑制し、寒波に併せて散水を行う。	①1月中旬、気温が17℃を超えると発生が始まり、1月と3月に2回ピークが来て3月中旬まで発生が続く。 ②2、3才で発生

			⑤きのこは明るく、軽い秋子の発生は少ない。 ⑥本格発生は1月から。1月と3月にピークがある。(大分)		夕方5時～翌朝7時まで2晩続けて散水すると3月にピークを迎える。		量は多少落ちるが品質は変わらない。風通しの良い、それでいて湿度が適度な谷筋に降ろしている。
森産業 だい次郎	春出型 低温性	7～18 11月下～4月	①傘は平型～凸型で濃褐色。 ②傘の巻き込みが特に強くバレにくい。 ③ヒダは密で、乾燥時に倒れにくく良質の香信となる。 ④香信用品種。 ⑤地域よっては、1才より2才の方が発生量が多くなる。 ⑥やや厚肉の香信となるので中心部の乾燥に注意をすること。	①最低気温が10℃以下になった頃起こす。 ②新木は秋の発生が少ないので、年内は無理に発生させず、ほだ起こし後はほだ木の水分を抑制ぎみに管理し、12月半ばから発生操作を行い、年明けから春にかけ採取する。 ③ほだ場は明るい方が良いが明るすぎると白くなり過ぎる。	① 12月頃、10時間程度連続散水し、以降多少乾き気味の状態を保つ程度に、短時間の散水実施。芽きり後は、乾くようなら30分程の散水。 ②ほだ木を起こして天地返しや雨除け、ハウスに入れる等、ある程度抑制した状態にした後、散水する。ほだ起こし後の抑制と低温期の散水刺激が必要。	①2才までは、立てたまま、3才以降は倒木して10時間程度散水する。(12月の降霜2～3回経過後)。 ②条件によっては強い刺激で過剰に芽切ることがある。	①ほだ起こし時期と水抜きがポイント。 ②多少乾燥気味の水分管理と、寒の刺激が発生のポイント。 ③だい次郎は入れ木のまま発生することはないので、起こし時期の異なるゆう次郎、121との組合せも可能。 ④きのこの巻き込みが強く、開くのに時間がかかるためバレにくく、雨子になりにくい。 ⑤新木の発生が少ない。

メーカー 品種名	季節型 発生型	生長温度域（℃） 発生時期（地域差有）	品種特性	発生操作			生産者等の コメント
				新木		古ほだ（2才以降）	
				ほだ起こし時期	散水等		
森産業 春太	春出型 低温性	5～17 11月上～4月	①きのこは大葉から中葉の厚肉系。 ②正円形のものが多くとれる。 ③甲の色は明るい茶色で花柄が入りやすい。 ④乾燥後ヒダはきれいな山吹色に仕上がる。 ⑤冬菇から香菇、香信まで幅広い品柄がとれる。	①最低気温4～5℃の日が続く頃。 ②2、3回降霜後。	①ほだ場移動後、即立て込まずに、2～3段に寝かせ、移動刺激と併せて4～5時間散水する。芽が親指大になってきたら立てる。 ②袋かけ、ビニール被覆をすると1～2月にボリュームのあるきのこがとれる。 ③平均気温が5℃くらいで芽切りがみられる。	②日最高気温が25℃を下回った頃に原基形成と原基肥大成長を目的とした散水を行う（8月下旬～10月上旬）。1回につき15～24時間を14～20日間隔で3回程度行う。（300～400㎜） ② 12～1月は抑制し、寒波にあわせて散水を行う。	①新木はハウス、2才から林内ほだ場に移動して良い結果が得られている。 ②湿度の多いほだ場は避ける。（色が濃くなりやすい）
森産業 かん太	春出型 低温性	5～20 1月～5月下	①きのこは大葉から中葉の厚肉系。 ②傘の形状はお椀型で柄が短い。 ③大葉肉厚で甲の色は明褐色～褐色で花柄が入りやすい。	①最低気温4～5℃の日が続く頃。 ②2、3回降霜後。	① 12～1月にかけて抑制し、発生操作を行うと発生が多くなる。	① 12～1月は抑制し、寒波にあわせて散水を行う。	①大葉・中葉で9割。小葉がほとんどない。 ②雨子でも色が黒くならない。

			④ほだ木に均一に発生し採取しやすい。 ⑤発生温度がやや高く、形のよい藤子が発生しやすい。 ⑥ほだ木の出来によっては秋の発生がある。				
菌興115	冬春型 低中温性	(5℃以下) 8〜16 11月下〜4月	①きのこは極厚肉。 ②傘は反転しにくく、丸型で明るい褐色。 ③ボリュームがあり冬菇・香菇用品種。 ④柄の長さ、太さは普通(大きい)。 ⑤高い温度で生長すると柄が長くなりやすい。 ⑥冬期ハウス栽培に適し、厚肉きのこの採取が可能。	①最低気温5℃以下が安定した頃に起こす。また、良品採取には5℃以下で発生操作を行う。 ②晩秋、ほだ場の温度が8℃以下になる頃から発生が始まる。5℃以下で発生量が増す。 ③明るく温暖なほだ場が良い。	①ほだ場移動後、即散水し、芽切り始めて立て込む。24時間以上又は5時間×3回。 ②散水施設がない場合、移動中に散水又は、ほだ場搬入後倒木し芽切り後立て込む。採取後、右記の②に準じる。 ③冬〜春、ほだ場の最高気温が10〜13℃の日が続くと発生量が増す。 ④ハウスの場合は、搬入後棒積み状態で散水。24時間	①気温25℃以下の日が続く9月中旬〜10月中旬にほだ木齢別に散水する。12〜24時間散水を7〜10日周期に3〜4回実施する。2才は11月下旬〜12月上旬の5℃以下の日が5日程度続いた後に20〜24時間程度、発生操作の散水を実施する。適宜、成長散水を行い採取。 ②3才以上は寒波刺激の強まる1月上	①袋掛け、ハウス利用等で良品の天白系冬菇、香菇づくりができる。 ②生シイタケでの市場評価も高い。

メーカー 品種名	季節型 発生型	生長温度域（℃） 発生時期（地域差有）	品種特性	発生操作 新木 ほだ起こし時期	発生操作 新木 散水等	発生操作 古ほだ（2才以降） 散水等	生産者等のコメント
					以上。その後、芽切りまでほだ木が乾かないように管理。芽きり後、立て込む。	中旬、午前中の暖かい時間帯に3日程度散水する。芽切ったきのこを採取後、8時間×3日散水し、春子発生を促す。 ③散水施設がない場合は、倒木し、ほだ木に十分吸水させる。	
菌興 193	冬春型 低中温	8℃以下 8～16 11月下～4月	①傘は大型、円形丸山型。 ②傘の巻きこみが強く反転しにくい。 ③ヒダは密で美しい。 ④ほだ木寿命が長く、古ほだになっても、きのこが大きく中葉比率が高い。 ⑤分散型発生。	①最低気温8℃以下が安定した頃に起こす。 ②晩秋、ほだ場の温度が8℃以下になる頃から発生が始まる。5℃以下に安定すると発生量が増す。 ③1才木からの発生が少ない。	①1才木の発生は少ない。 ②1才木でほだ化が良好な場合は、ほだ場に移動後、即散水し、芽切り始めてから立て込む。	①2才は晩秋に散水、天地返し等の発生操作を実施する。 ②3才以降の古ほだ木は8月末～9月中旬に天地返し等のほだ木管理を行う。	①葉筋がしっかりしていて中葉以上の比率が高い。 ②ほだ木が長持ちする。 ③新ほだ木からの発生は少ない。（品種特性） ④2才ほだ木の晩秋から多く発生。

			⑥発生最盛期は2才ほだ木で、晩秋に多く発生する。			
菌興 169 170	冬春型 低中温性	8℃以下 8～16 11月下～4月	①傘は大型、円形、傘の色やや濃い褐色。 ②ヒダの仕上がり美しい。 ③発生の最盛期は2才ほだ木。 ④古ほだになっても発生量が落ちにくく、きのこが小型化しにくい。 ⑤分散型発生。	①最低気温8℃以下が安定した頃に起こす。 ②晩秋、ほだ場の温度が8℃以下になる頃から発生が始まるが、年内の発生は少なく、冬～春ほだ場の最高気温が10～16℃の日が続くと集中発生する。 ③明るく温暖なほだ場が良い。	①ほだ場に移動後、即散水し、芽切り始めてから立て込む。 ②散水施設がない場合、移動中に散水又は、ほだ場搬入後倒木し芽切り後立て込む。	①冬春型であるが、晩秋に作り子を行うと年内にも発生する。 ②古ほだ整理や天地返しを行う時期は8月末～9月中旬の原基形成前が最適。	①新ほだ木からの発生は少ない。 ②冬春型の厚肉でふわっと軽い感じで市場評価が高い。
菌興 240	春秋型 中低温性	10℃以下 8～18 10月～4月	①植菌2年目の秋10℃以下の最低気温の日が数日続くと発生が始まる。 ②1才ほだ木の秋の発生比率は通常年で30％程度、暖冬年には、	①最低気温10℃以下の低温刺激を受けてから起こすと良い。 ②秋に1～2回の発生ピークがあり春まで分散的に発生する。	①散水施設がない場合は、ほだ起こし後、自然降雨で順調な発生が見られている。（H19、10月中旬） ②散水による発生操作は、最低気温10℃以下…12時	①気温20℃以下の日が続く10月上中旬に12～24時間散水し、以降3～4日おきに3時間程度の散水する。 ②2才以上の古ほだ木は最低気温9℃以下を目安に12	①分散発生型で秋から春まで次々に発生する。

メーカー品種名	季節型／発生型	生長温度域（℃）／発生時期（地域差有）	品種特性	発生操作 新木 ほだ起こし時期	発生操作 新木 散水等	発生操作 古ほだ（2才以降） 散水等	生産者等のコメント
			晩秋から春まで断続的に発生する。 ③ほだ場は、明るい場所が適するが環境適応幅が広い多収性品種。		間程度の散水。	〜24時間散水する。 ③3才木以降は、クギ目入れ等の刺激も取り入れる。	
菌興327	秋春型／中温性	14℃以下 8〜20／10月〜4月	①植菌2年目の秋に発生操作すると集中発生する中温性品種。 ②色は明るい茶褐色。 ③傘の巻き込みは強く、反転しにくい。 ④ヒダの色が美しい。 ⑤柄は短く、大・中葉中肉の香信用品種。	①最低気温14℃以下が安定した頃に起こす。 ②秋は1〜2回のピークがあり、春まで分散的に発生する。	①散水施設がない場合は、ほだ起こし後、自然降雨で順調な発生が見られている。（H19、10月中旬） ②散水による発生操作は、最低気温14℃以下…12時間程度の散水。	①気温20℃以下の日が続く9月中旬〜10月上旬に散水、12〜24時間散水し、以降3〜4日おきに3時間程度散水する。 ②2才以上の古ほだ木は最低気温9℃以下を目安に12〜24時間散水する。 ③3才以降は、クギ目入れ等の刺激も取り入れる。	①9月中下旬4〜5時間散水を午後2回行う。 ②1年起こし後2年目の秋は特段の発生操作はしなかったが、気温が14℃以下に下がった頃から芽切りが始まった。

セッコー初春1号	冬春型	5～18	①春出代表品種。 ②大葉、厚肉、明茶褐色の冬菇・香菇が多収量とれる。 ③商社・市場での評価が高い。 ④二夏経過後の春から集中発生する。 ⑤古ほだになっても良質のきのこがとれる。	①最低気温が5℃以下になり、霜が2、3回降りた頃。 ②温暖な明るいほだ場が良い。	①ほだ起こし後、直ちに散水する。間欠または連続で延べ12～24時間。 ②採取後は天地返しや低めのヨロイ伏せにし、大寒の頃にたっぷり散水する。 ③春先の乾燥期には防風垣（ネット）の設置や散水、ほだ倒しを行う。	①稲刈りの頃に散水、天地返しを行う ②年末より1カ月以上抑制し、厳寒期に散水や浸水を行い「寒ざらし」をした後、ハウス等に取り込み芽出しを行う。 ③古ホダは移動・倒木散水・鉈目入れ、寒ざらし等の強い刺激が必要。	①やや小振りだったが手が入らないぐらいびっしりでた。 ②軽くてきれい。
	低温性	12月～4月					
セッコー11号	冬春型	7～20	①秋出の代表品種で発生量が多い。 ②天白、茶花系になりやすく、雨子でも明るい茶色に仕上がる。 ③贈答、箱詰め用に好適。 ④植菌翌年秋から春にかけて多量発生。 ⑤8割方を採取後、散水する事で連続発生が可能。 ⑥乾椎茸、生椎茸	①最低気温が14℃未満になる10月中旬頃から11月頃。 ②温暖で湿度のあるほだ場が良い。	①ほだ起こし後、直ちに散水する。散水は間欠または連続で延べ20～24時間。 ②採取後の成長散水が有効。 ③8割方採取後に一晩程度の散水を3～4日連続して行い、連続発生させる。 ④成長温度が確保できれば春まで連続発生可能だが、極	①新木の移動前に天地返しを行う。 ②新木の移動後に天地返しや散水を行う。 ③8割方採取後に一晩程度の散水を行い連続発生させる。 ④3才までにほとんどの収穫を終えるように管理する。	①散水が重要。 ②11月から4月まで降雨や散水で途切れなく発生した。 ③発生が早く1年目の春の入れ木発生に注意。
	中低温性	10月～5月					

メーカー 品種名	季節型 発生型	生長温度域（℃） 発生時期（地域差有）	品種特性	発生操作			生産者等の コメント
				新木		古ほだ（2才以降）	
				ほだ起こし時期	散水等		
			両用品種。		寒期は休養させる。		
セッコー とよくに	冬春型 低中温性	7～18 11月～4月	①発生時期をずらした冬春出系品種。 ②厚肉・大葉で巻き込みが強く、バレ難く、香菇・香信等幅広い品柄に対応。 ③晩秋から冬春に連続多量発生。 ④ほだ持ちがよい。	①最低気温が10℃未満になる、11月下旬から12月頃。 ②温暖で湿度のあるほだ場が良い。	①ほだ起こし後、直ちに散水する。間欠または連続で延べ20～24時間散水する。 ②採取後に24時間程度の散水を行い連続発生させる。 ③発生時はビニールかけ等で雨にあてないようにする。 ④極寒期は防風ネットやビニールかけ、ハウス内への取り込み等により大きく育てる。	①最低気温が10℃未満になったら散水倒木を行う。 ②8割方採取後、一晩程度の散水を行い連続発生させる。 ③古ほだは移動・倒木散水・鉈目・寒ざらし等の強い刺激が必要。	①古ほだでも小型にならず、ほだ持ちが良い。 ②肉厚だが乾燥が早く仕上がりがきれい。 ③秋早く伐採した乾き気味の原木は避けて、少し水分を持った原木の方が良い。
セッコー 105号	秋春型	10～20	①発生時期をずらし、散水倒木の刺激でいつでも発生可能。 ②亀裂が入りやすく白さが鮮明。	①最低気温が7℃未満になる頃。 ②温暖で湿度のあるほだ場が良い。	①ほだ起こし後、直ちに散水する。間欠または連続で延べ20～24時間散水する。 ②数時間程度の浸水	①寒暖の差が大きくなった頃、散水倒木を行う。 ②散水後、ビニールかけやハウス内で芽出しをした方が	①水分が重要。乾き気味だと発生しづらい。

	中低温性	11月～6月	③色が明るく巻き込みが強くバレ難い。 ④温度格差や強い散水刺激で発生する。 ⑤乾燥品は肉厚で固く重量感がある。		でも効果がある。 ③時期をずらし晩秋と春の自然発生前に発生させるようにビニールかけやハウス内管理を行う。	発生がそろう。	

害菌・害虫対策

シイタケ栽培において安定した発生量を確保するには、害菌害虫等の被害が少なくシイタケ菌糸がほだ木内に十分まん延したほだ木を育成することが重要である。害菌害虫の防除に当たっては、大分県のブランド産品であるシイタケの自然食品イメージを損なわないよう農薬等を使用しない生態的防除が基本である。このためには、害菌害虫の特徴を十分に理解し、栽培の基本にそった適期作業を励行するとともに、早期発見に努めシイタケ菌糸のまん延に適した環境に改善を図ることが必要である。

伏せ込み中に発生する主な害菌とその防除

伏せ込み中の害菌の大半は伏せ込み1年目に発生する。ほだ木に着生した害菌の種類を観察することで伏せ込み環境を判断し適切な管理を行うことが防除の基本である。

ほだ木に発生する主な害菌は50数種あるが、伏せ込み管理中によく見かけるものを記す。

伏せ込み管理中によく見かける害菌

（資料：栽培きのこ害菌・害虫ハンドブックほか）

発生環境	害菌名	特　　徴	防除方法
高温・多湿型	アナタケ	ほだ木の表面が白く漆喰を塗ったようになり、やがて淡黄褐色に成熟し針先ほどの管孔が発達する。 腐朽力が強く、被害が大きい。 高温･多湿の条件下で発生する代表的な害菌。 10℃～35℃で生長（適温 30℃）。ほだ場でも着生する。	・通風、排水を良くし過湿を防ぐ。 ・被害ほだ木は隔離するか焼却し、健全なほだ木と接触させない。
	ダイダイタケ	本菌は始めは、樹皮の亀裂部に鮮黄色の小さい塊で現れ、生長すると半円状～貝殻状のカサを重生する。 カサの表面は黄褐色、裏面は黄色～錆褐色。 管孔は深さ 2～3㎜。 夏期に最も生長する。10℃～35℃で生長（適温 25℃）。 葉枯らし不足、伐採時期の遅れ等による乾燥不十分な生木状態のほだ木に発生しやすい。	・適期伐採と適度な葉枯らしを基本とする。 ・通風、排水の良い環境に伏せ込み、天地返しや組み換えを行い木質部の枯れ込みを促す。
	カイガラタケ	カサは半円～貝殻状。カサの表面はビロード状で黄白～暗褐色の同心円状の管紋を作る。 肉は白色で皮質。	・梅雨から夏期は伏せ込み地の通風を良くし過湿を防ぐ。

発生環境	害菌名	特　　徴	防除方法
高温・多湿型		シイタケ菌糸の伸長を阻害する。 8℃～38℃で生長（適温 25～30℃）。 梅雨から夏場の通風不良の蒸れやすい環境で発生する。	
	トリコデルマ菌	トリコデルマ菌とは子のう菌類の仲間のボタンタケ属菌のカビの時代の名称。本菌の胞子は空中湿度が 95% 以上で良く発芽し 87% 以下では発芽しない。菌糸は 40～50%（湿量基準）でも生長するが 60～70% を最も好む。気温 20～30℃となる夏期に主に発生する。発生初期はほだ木表面に白いゴマ状の菌叢が現れ、やがて中央部から緑色の分生胞子が形成される。生長の中期～末期には菌叢の中央部から緑色化が進み、縁部分が白く残るのが特徴。 種駒やシイタケ菌糸の蔓延したほだ木に感染すると約４週間でシイタケ菌糸を死滅させる。伏せ込み１年目はもちろん２年目のほだ木にも感染し、被害は大きい。 夏期の高温期に湿度の高い、凹地に発生しやすい。	・伏せ込み地は通風、排水が良い場所を選定するとともに、ほだ木列は通風の図られる配置、組み方とする。 ・伏せ込み地が過湿にならないように下刈り等で通風を良くする。

高温・多湿型	ヒポクレア・ラクテア	本菌はほだ木上に白色の小さな斑点として現れ、次第に広がって繋がり、クリーム色から黄土色のこうやく状となる。材内のシイタケ菌は死滅し黄褐色から褐色になり、健全部との間に褐色から黒色の対線を形成する。種駒の露出部等から侵入し、シイタケ菌を徐々に侵害し、伏せ込み１年目はもちろん２年目のほだ木にも感染し、被害は大きい。	・伏せ込み地は通風、排水が良い場所を選定するとともに、ほだ木列は通風の図られる配置、組み方とし、梅雨時期から伏せ込み地、ほだ場を見回り、早期発見に努める。 ・被害を受けたほだ木は隔離（処分）し、他のほだ木への被害拡大防止を図る。 ・栽培環境が多湿条件にある場合は通風促進や地面の落ち葉や腐食層を除去する等の環境改善を図る。
	ヒポクレア・ペルタータ	本菌は典型的な好高温・多湿性の菌寄生菌で子のう果（きのこ）は１個または２～３個が癒合してほだ木上に現れる。表面は明黄褐色～黄褐色で盤状または楯状で中央部が凹み、縁は不規則、基部は茎状にほだ木につく。裏面は明るい黄色をなし､放射状のシワがある。病原性は強く本菌の寄生を受けるとシイタケ菌は完全に死滅する。菌糸は５～35℃で生長し、26～30℃で最も良く生長する。湿度条件も多湿を好む。	・伏せ込み地は通風、排水が良い場所を選定するとともに、ほだ木列は通風の図られる配置、組み方とし、梅雨時期から伏せ込み地、ほだ場を見回り、早期発見に努める。 ・被害を受けたほだ木は隔離（処分）し、他のほだ木への被害拡大防止を図る。 ・栽培環境が多湿条件にある場合は通風促進や地面の落ち葉や腐食層を除去する等の環境改善を図る。
中温・中湿型	クロコブタケ	５月頃から梅雨明けにかけて、ほだ木の樹皮の亀裂部や木口面に明るい黄緑色のカビが発生し、やがて融合して大きく広がる。７月下	・笠木等での庇陰を適正に行い直射日光を避け、通風を良くする。

発生環境	害菌名	特　　徴	防除方法
中温・中湿型		旬頃から黒色の塊り（子座）となって生長する。シイタケ菌糸の蔓延部と明瞭な黒色の帯線を形成しシイタケ菌の伸長を阻害する。 最適生長温度は 25～30℃。 早春の直射日光による温度上昇が感染を誘発。	
	カワラタケ	カサは薄く、丈夫な皮質、半円形で 1～5㎝、厚さ 1～2㎜、数十から数百重なりあって群生する。 カサの表面は、黒色または灰色で黄褐色等の環紋を表す。ごく普通の環境で発生するが、ほだ付きの悪いほだ木に発生しやすい。 この害菌が発生したほだ木の樹皮下は、材は白色腐朽し、軟弱化してシイタケ菌糸の生長が阻害される。シイタケ菌糸の蔓延部には侵入できない。	・シイタケ菌糸の蔓延部には侵入できないので、適期作業を行い、早期にシイタケ菌糸をほだ木内に蔓延させる。原木やほだ木の過乾燥、樹皮面の損傷、枯れ枝等も発生原因になる。
	キウロコタケ	子実体（きのこ）は半背着生で、上半分が半円形のカサとなって張り出す。カサの大きさは 1～3㎝、厚さ 1㎜、表面は灰白色～灰黄色、白っぽい毛を密生し、同心円状に並ぶ環模様を現す。広葉樹の枯れ枝やシイタケほだ木に重なりあって群生する。	・適期作業を行い、シイタケ菌糸を早期に蔓延させる。 ・シイタケ菌糸と同じ環境で生長することから完全な防除は難しい。

		菌糸の生長が早く、材腐朽力が強く蔓延部は白色腐朽を起こす。シイタケ菌糸蔓延部との境界には太い黒色～黒褐色の明瞭な帯線を形成し、シイタケ菌糸の生長を妨げる。 本菌の最適生長温度はシイタケ菌糸の適温と同じ25℃であり、伏せ込み環境の指標とされる。	
中温・中湿型	チウロコタケ	子実体（きのこ）は半背着生で、カサは半円状～貝殻状、大きさは1～2㎝、色は黄褐色～暗褐色で同心円状の環紋がある。名前は「血鱗茸」の意。生育時に傷をつけると暗褐色の汁がでる。 本菌の蔓延部にシイタケ菌糸は侵入できない。蔓延部の材組織は淡黒褐色～黒褐色に変わり軟弱化する。シイタケ菌糸の蔓延部との境界に太い黒褐色の明瞭な帯線を形成する。シイタケ菌糸に直接の病原性はなく、シイタケ菌糸の未蔓延部を選んで発生する性質がある。	・適期作業と伏せ込み管理を適切に行い、シイタケ菌糸を早期に蔓延させることが必要。
高温・乾燥型	スエヒロタケ	子実体（きのこ）は小型で茎（足）はなく形は扇形で大きさは1～3㎝、表面に粗い毛が密生し、白色または灰色～肉色～褐色を帯びる。 菌糸の生長は比較的早く、本菌が発生したほ	・直射日光が当たる部分に発生することから、笠木補充等により直射日光を遮る。 ・被害の大きいほだ木は隔離するか焼却

発生環境	害菌名	特　　徴	防除方法
高温・乾燥型		だ木樹皮下の腐朽範囲は、子実体が発生している範囲よりはるかに広範囲にわたり、蔓延部にシイタケ菌糸は伸長できない。シイタケ菌糸の蔓延部との境界に明瞭な帯線を形成する。本菌の腐朽部分は淡い黒褐色に着色する。本菌の生長適温は 28～35℃。直射日光によるほだ木の温度上昇が発生を誘引する。	する。
	ニマイガワキン	伏せ込み初年の７月中頃から、ほだ木の外樹皮が剥離しはじめ、灰色～灰色を帯びたオリーブ色～茶色の分生胞子が形成される。８月下旬以後、子座の発達に伴って樹皮が離脱しほだ木の表面を大きく覆う。子座の表面は肉眼では光沢のある黒色に見える。 材内部のシイタケ菌糸の蔓延部との境界部は濃褐色になる。本菌の侵害を受けたほだ木からのシイタケ発生量は極端に減少する。被害の状況はシトネタケによく似ている。本菌の生長温度は 10～35℃、適温は 25℃、生長の早さは 25℃以下ではシトネタケが優勢だが、30℃以上ではニマイガワキンが優れる。このことから、高温で乾燥気味の環境に発生しやすいことがわかる。	・防除方法は未だ確立されていないが、他の木材腐朽菌と同様にシイタケ菌糸の伸長部分にニマイガワキンの菌糸は侵入できないことから、原木の伐採時期からの適期作業により、シイタケ菌糸を早くほだ木に蔓延させる。

中温・乾燥型	シトネタケ	伏せ込み初年の春から秋にかけてほだ木樹皮上にオレンジ色のヒモ状の胞子角が発生する。やがて内樹皮部に赤褐色の炭質の子座を形成し、7月末頃からほだ木の樹皮が剥離して、子座が露出してくる。子座の表面は赤褐色～褐色～暗褐色。菌糸はシイタケ菌糸と同じく最初はほだ木の内樹皮部、靱皮部、辺材表面に伸長するが、その速度は非常に早く、シイタケ菌糸が伸長する前にそれらの部分を占有することが多い。材内部のシイタケ菌糸の蔓延部との境界部は濃褐色になる。 本菌の侵害を受けたほだ木からのシイタケ発生量は極端に減少する。	・ニマイガワキンに準じる。

シイタケ栽培における主な害虫とその防除

伏せ込みほだ木等の害虫と防除

ハラアカコブカミキリ

本来の生息分布域は、朝鮮半島、国内では長崎県対馬であったが、昭和52年8月に直入町（現竹田市直入町）の移入原木から発生が確認された。以後、生息域を拡大し、現在は県内全域に生息する。

①形態

体は黒色、淡赤褐色の微毛に覆われ、微毛群による斑紋を散在させる。上翅の基方に黒褐色の長毛を密生した1対の隆起（コブ）を備える。体下面には赤色毛班を有する。

体長は16～27㎜、幼虫は鉄砲虫型で頭部は中央より後方で著しく細くなる。

②生態

成虫は8月～10月に羽化脱出し、各種の樹皮を食うが、クヌギ、コナラ等の伏せ込み用の笠木や小径木を好む。成虫は日当たりが良く雨水のかからない比較的乾燥した石や落ち葉、切り株の下等で越冬し、シイタケの駒打ち時期の3月上・中旬頃に越冬から明け、笠木やクヌギ、コナラの小径木（5～8㎝）を好んで後食し、樹幹に対して横菱型の産卵痕を樹皮に開けて産卵する。産卵のピークは5月で8月まで続く。

　幼虫は、内樹皮部分を不規則に細長くえぐったように食害し（シイタケ菌糸が成長した部分は食害しない。）、やがて蛹室をつくり蛹となる。成虫は樹皮に1㎝程度の穴を開け羽化脱出する。（8～10月）

③被害の特徴
・小径木を好んで産卵する。
・幼虫の食害部分は樹皮と材部に空洞ができ、シイタケは発生しない。
・食害の著しいほだ木は樹皮が浮いて剥離し、廃ほだ状態となる。

④防除対策
・防虫ネット被覆
　防虫ネットは成虫の侵入を防ぐことができる4㎜メッシュ程度のネットを使用し、伏せ込みほだ木との間に空間を取って被覆し、ほだ木への産卵を防止する。

・餌木処理

不良小径木を餌木として誘引、産卵させた後に処分する。（完全な防除にはならないが棲息密度を減らすことにつながる。）

・伏せ込み環境を変える

被害の多い小径木については成虫の生息密度の少ないスギ、ヒノキ林内等に伏せ込む。

シイタケオオヒロズコガ（菌蕈1994年6月号より抜粋）

成虫の翅の長さが10㎜足らずの小蛾。幼虫は種菌を食害（シイタケ菌の活着伸長に影響はない。）するほか、発生したシイタケに侵入し商品価値を下げクレームの原因となる。

①発生生態

成虫：発生期のピークは6月上旬頃と9月下旬頃の2回。夕方から盛んに活動し始め、交尾・産卵する。産卵場所は主に地面。

幼虫：孵化後15～20日経過後からほだ木内に侵入し、樹皮上に糸で筒をつくり虫糞を排出する。この排出物が被害発見の目印となる。

主に、種菌部を食害するが、発生したシイタケに侵入することがある。4～5月に発生したシイタケへの侵入が多い。

②被害

7月ごろから孵化した幼虫が種菌や樹皮面の菌糸裸出部から侵入するが、この時点で種菌はほだ木に活着して菌糸はまん延中であることから、ほだ化への影響はないが、オガクズ種菌が食害されシイタケの発生率が下がる被害が生じている。また、発生したシイタケの石づきやほだ木との接触部分から内部に侵入し、乾シイタケに虫（幼虫の死骸）が入っていた等のクレームの原因となっている。

③防除対策

・ほだ場の通風促進を図り、ほだ木を過密に立て込まず陰湿な環境を作らない。
・新ほだ木を被害ほだ木の近くに置かない。
・近紫外線を利用した防除法もある。

乾シイタケの害虫

コクガ（菌蕈1994年6月号より抜粋）

コクガは、乾シイタケを食害する害虫である。成虫は翅を開いた状態で15㎜程度の小蛾である。

①発生生態

幼虫で越冬し、4月下旬に第1回目の羽化が起こり成虫が発生する。1個の成虫は約40個の卵を乾シイタケの表面に産みつける。卵は3～4日で孵化し、およそ50日（25℃）で成虫となる。乾シイタケ上で孵化した幼虫は直ちに内部に食入し、穿入孔上に粉や虫糞を排出する。幼虫は老熟するときのこの中で繭を作り蛹、成虫になる。虫体数が多くなるときのこの外にきのこの屑や虫糞を綴り繭を作る。生育条件が揃うと初夏から秋の間にこの世代を3回繰り返す。

②被害

完全に乾燥され、密封した状態で保管されたシイタケに発生することはない。乾燥不足や選別、保管中に湿りの戻ったシイタケを好んで発生し食害する。

③防除対策

・十分な乾燥を行い、湿りが戻らないよう保管する。
・選別後は、早めに出荷し低温倉庫で保管する。
・古いダンボール箱は、コクガが潜んでいる可能性が高いので使用しない。

シイタケの乾燥

乾燥の目的

必要性

乾燥食品としての貯蔵性（保存性）の向上。香りや旨味成分の増加および色彩の変化は乾燥に伴う副次効果であり、これが乾燥の目的ではない。

注意点

乾燥は子実体採取後、速やかに開始することが必要。

・シイタケは採取後も組織が生存しているため、呼吸作用により組織が消耗（自己消化）する。

・呼吸作用は、温度が高いほど、周囲の酸素が多いほど大きくなる。

・呼吸作用により熱が発生し、周囲の温度を上昇させ、さらに呼吸作用が活発になり組織の消耗が進む悪循環になる。

乾燥の基本的な考え方

乾燥とは、ある一定の空気条件下において、シイタケ子実体水分の表面蒸発と内部拡散により進行するシイタケ子実体内から空気中への水分の移動現象である。

この表面蒸発と内部拡散のバランスがとれていないと、「にえこ」・「にえつき」といわれる乾燥の失敗や、乾燥時間の長時間化による乾燥コストの上昇に繋がる。

周囲空気の温度が高いほど
周囲空気の湿度が低いほど
周囲空気の風速が大きいほど

乾燥速度は大

乾燥の経過

シイタケ子実体に含まれる90％程度の水分を取り除き、含水率を10％程度（湿量基準）以下の製品に仕上げたものが乾シイタケである。

恒率乾燥

表面的な水分の蒸発により直線的に含水率が低下する乾燥の状態で、周囲の空気の条件に大きく影響される。

減率乾燥

子実体表面の水分がなくなった段階で、内部水分が子実体表面へ移動し蒸発することにより乾燥が進行し、含水率の低下に伴い乾燥速度が遅くなる。

乾燥の終了

製品としての含水率の目標は10％以下であるが、一般的にはシイタケの状態を見て判断する。

・傘の中央部および傘と足の付け根が硬く乾燥していることを確認する。

厚肉の冬菇（どんこ）・香菇（こうこ）は特に注意が必要。

乾燥の失敗

「にえこ」・「にえつき」

乾燥したシイタケ全体が褐色から黒色に変色したもので、変形固化する場合もある。水分の多いシイタケに対して乾燥初期に急激な温度上昇が加わった場合に発生しやすい。

「やけ」

乾燥の仕上げ工程で必要以上の温度（65℃以上）を長時間かけることによりヒダ等が褐色に変色したもの。乾燥中の温度や温度コントローラーの設定が適正であるか確認することにより防止できる。

失敗の原因

シイタケ内部の温度上昇と表面からの水分蒸発のバランスが崩れることにより発生する。

・初期乾燥温度が必要以上に高い場合、急激な表面の含水率低下により表面組織が乾燥固化する。

・これにより表面からの水分蒸発が妨げられ、表面蒸発による温度低下が抑制される。

・このため内部から表面への水分移動が妨げられ、内部温度の高い状態が継続し、内部の水分により子実体が煮えてしまう。

乾燥温度の低下
送風量の増大
換気

▼

シイタケ表面からの水分蒸発を確保する

対策

シイタケ表面からの水分蒸発量は、表面温度と乾燥庫内の空気温度に関連づけられた絶対湿度（気体の単位体積にある水蒸気の質量）により決定される。

乾燥による収縮

・個体差（採取時期、肉厚、肉質など）により異なる。

通常、傘の直径で20％程度収縮する。

・乾燥方法により異なる…乾燥経過による差異

乾燥速度が速い…収縮は小さくなる

乾燥速度が遅い…収縮は大きくなる

乾燥の実際

乾燥方法の種類

自然乾燥

いわゆる天日乾燥であるが、自然乾燥だけでは、市販可能な製品には仕上がらない。長期保存が不可能で、商品価値が低い。

人工乾燥

乾燥機を使用して行う一般的な乾燥。

乾燥機の種類

加熱方式による区分

直火方式：ストーブなどの熱源を利用したごく小規模の乾燥（家庭向き）で使用。ススや燃焼ガスの臭気がシイタケに付着し、温度制御等が困難である。

間熱方式：一般的に使用されている乾燥機

循環方式による区分

自然対流式：古くから使われてきた方式。〝むろ〟などと呼ばれている部屋で乾燥を行う。室内の温度分布にムラが生じるため、回転式の場合が多く、現在は乾燥の仕上げに用いている場合が多い。

強制送風式：現行の一般的な乾燥機で動力により空気を循環させ乾燥する。

送風方式による区分

下吹式（吹き上げ方式）：一般的な乾燥方式で、乾燥庫内の気流の方向が下から上（垂直方向）に向かう乾燥機

横吹式：乾燥庫内の気流が水平方向に向かう乾燥機で、下吹方式と比較すると乾燥時間が短くなる。

乾燥に必要な資機材

乾燥機

・ボイラーの燃料の種類

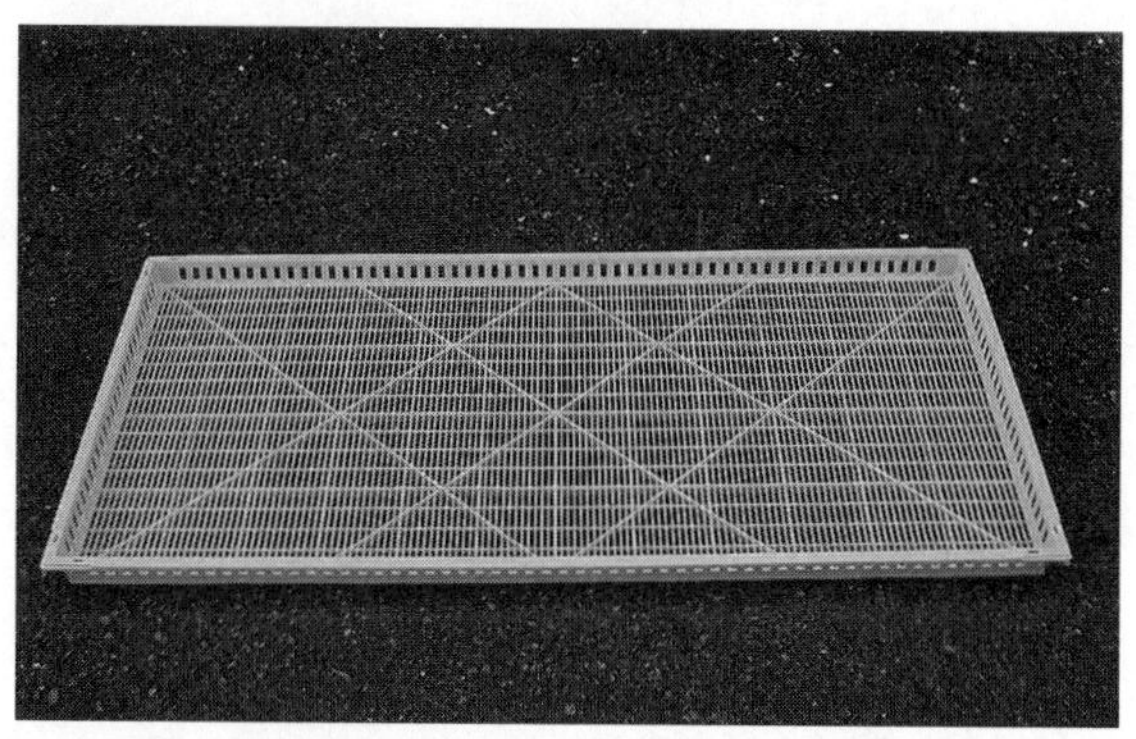

プラスチック製えびら

油焚き（重油あるいは灯油を使用）
薪混焼（油が主で補助燃料として薪を使用）
薪焚き（温度制御が困難で、現在はほとんど使用されていない）

・電源の種類
100V（家庭用）、3相200V（低圧電力、別途契約が必要）

えびら

・乾燥時に用いるプラスチック製の棚板（規格は同一）
・1枚で生シイタケ5kg（乾シイタケ700〜800g）程度の乾燥が可能

一般的な吹き上げ方式乾燥機の構造

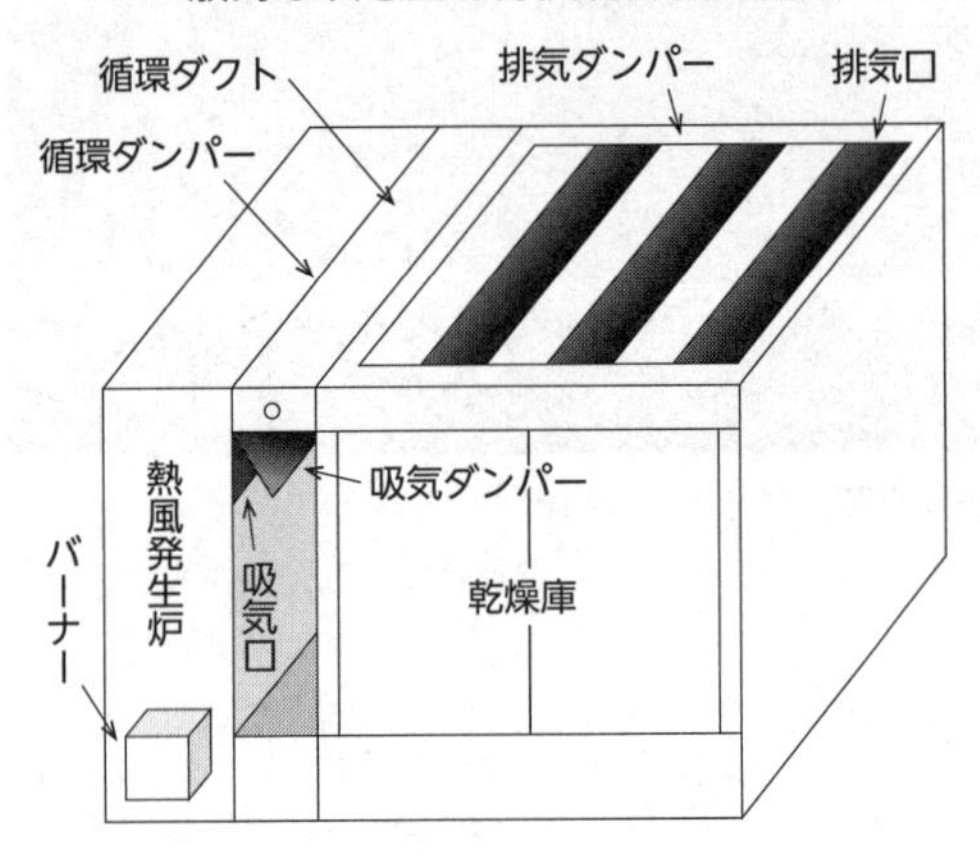

乾燥機内の空気の循環

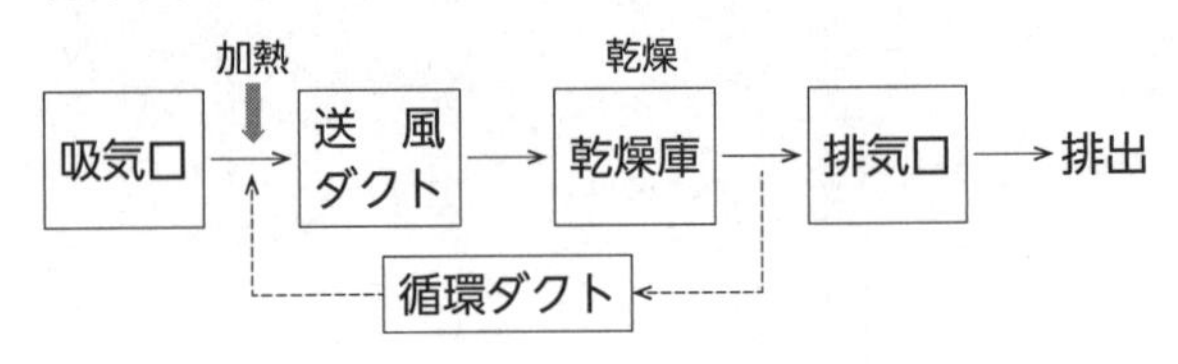

ダンパーの働き

・吸気ダンパー：流入空気量の制御
　乾燥の進行にともない「開」から「閉」へ。
・排気ダンパー：排出空気量の制御
　乾燥の進行にともない「開」から「閉」へ。
・循環ダンパー：乾燥庫内の循環空気量の制御
　加熱した空気を循環させることにより、燃料コストの削減、仕上がりの均一化を図る。
　乾燥の進行にともない「閉」から「開」へ。

えびら並べ

　採取したシイタケを均一・効率的に乾燥するために行う。
①足を下にして傘が重ならないようにする。（吹き上げ方式の場合）
②大・小、肉厚、銘柄毎にえびらに並べる。
③大葉、厚肉等の乾燥しにくいものは乾燥機の下段に置く。（吹き上げ方式の場合）

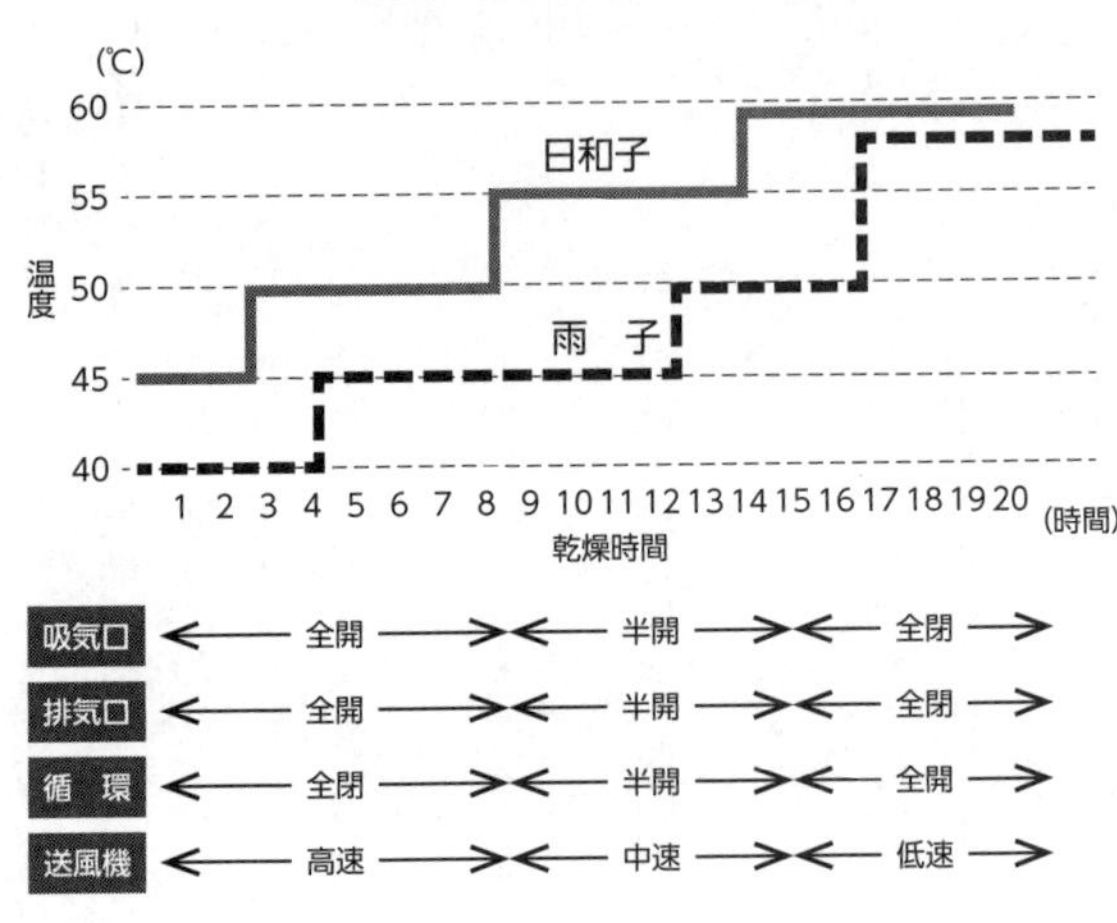

注意：乾燥機の設置場所の環境や乾燥機自体の個性により、乾燥庫内の温度や風速の分布が異なるため、所有する乾燥機の特性の把握が大事。

乾燥スケジュール

①急激な温度上昇はさける（1時間当たりの温度上昇を5℃以下に抑える）

※特に乾燥初期は注意が必要

②温度：日和子（晴天が続いた日に採取したもの）…45℃前後

雨子（雨天や降雨直後に採取したもの）…40℃前後

③仕上げ温度：55〜60℃

④乾燥時間の目安：日和子…15〜17時間

雨子…18～22時間

⑤えびら入れ替え：乾燥の仕上がりを均一にするために状況に応じて行う。
えびらあわせ：乾燥量が多い際、8割程度乾燥した後にえびら数枚分を1枚にまとめて乾燥することで乾燥効率をあげる。

保管

市場に出荷するまでの間、一時的に保管しておく。

①乾シイタケの保管場所は、乾燥した冷暗所が望ましい。
②温度15℃以下、湿度50％以下の状態であれば、品質低下が避けられ安定した状態で長期保存が可能である。
③保存用の容器（段ボール箱など）は、生産者団体などが取り扱っている。

乾シイタケの選別・出荷の注意点

収穫・乾燥した乾シイタケは品質低下を防ぐためにも低温倉庫等での保管が必要である。自宅保管で梅雨を越すことのないように早期に選別して出荷する。

①選別は、湿度の低い晴天時（雨天時は避ける）を選んで行う。
（晴天時でも除湿機があれば使用して品質低下を極力防ぐこと。）
②戻りがないか乾燥状況を確認すること。
③異物（ほだ木の樹皮等）の混入や虫喰い品を確実に除去する。

（事例）手作りのフルイ選別機

④ヒネ物（色落ち品、古い品）を当年の収穫品に混入しないこと。
⑤可能な限り同一品種で1箱にする。
⑥確実にフルイ選別（サイズ基準別）を行う。
⑦香信系の選別は丁寧に行い、割れや欠けを防止する。
⑧冬菇・香菇系は傘の色と形状で、香信系（バレ葉も含む）はヒダの色と形状で分ける。
⑨上物、並物、下物に選別する。
⑩出荷市場の選別基準を熟知し、高値の品柄を1箱でも多く選別する。

⑪古箱・古ポリ袋は使用しない。
⑫出荷箱（袋）に住所・氏名・品種等の産地情報を必ず記入する。

原木シイタケの経営モデル

シイタケ栽培をはじめる前にシイタケ栽培の特質を良く理解し、自分のライフスタイルにあった適正規模を検討することが必要である。

原木シイタケ栽培経営の特質

①乾シイタケ生産経営と生シイタケ生産経営（原木栽培経営）。
②ほだ木育成過程（ほだ木作り）ときのこ生産過程（きのこ作り）に分けられる。
③栽培が1年で完結せず、多年にわたる。
乾シイタケ生産経営：ほだ木作り2年、きのこ作り4〜5年を要する。
生シイタケ生産経営：ほだ木作り1年半、きのこ作り2〜3年を要する。

栽培規模決定の要素

①収入目標

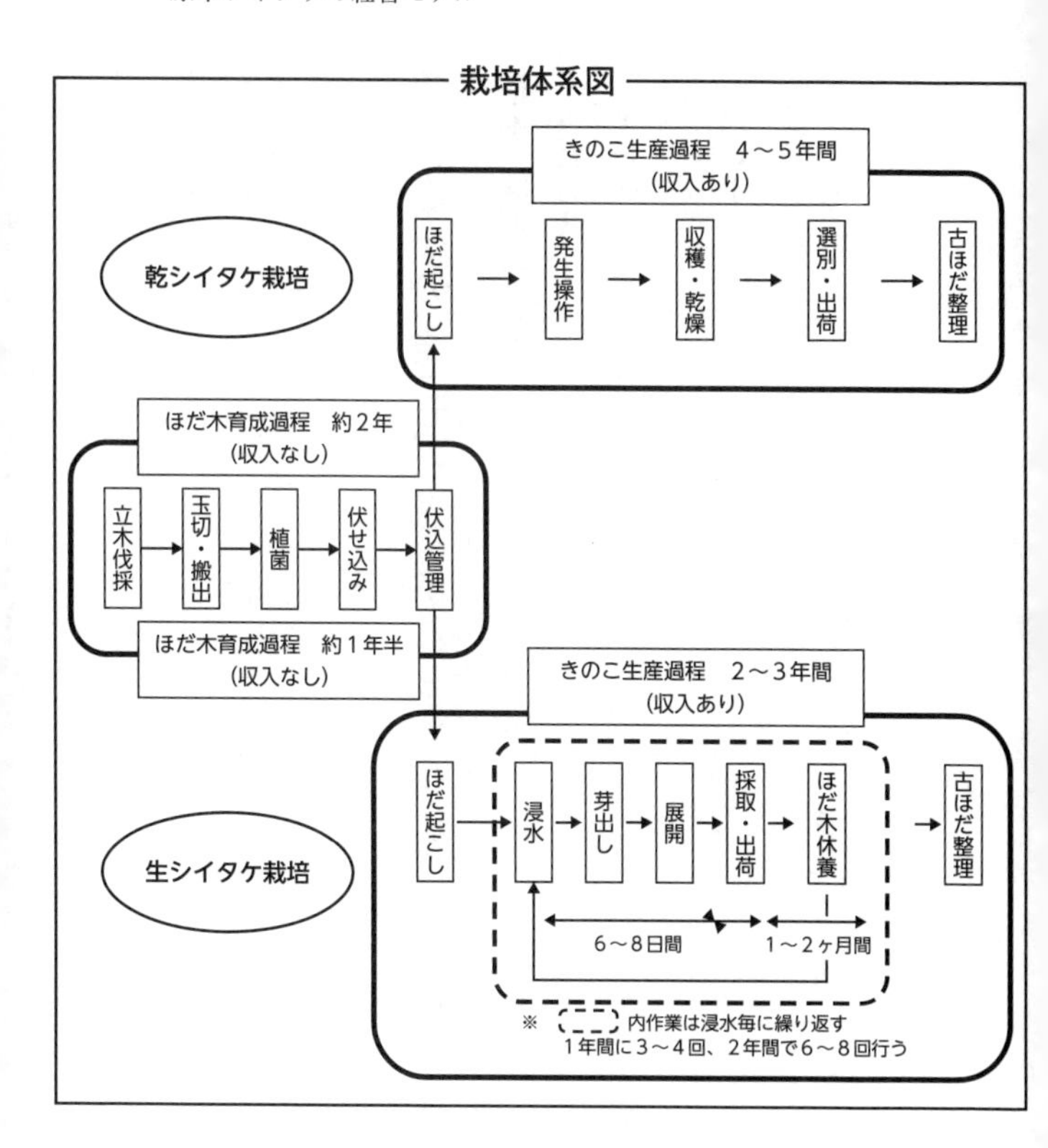
栽培体系図
乾シイタケ栽培
きのこ生産過程　4～5年間
（収入あり）
ほだ起こし
発生操作
収穫・乾燥
選別・出荷
古ほだ整理
ほだ木育成過程　約2年
（収入なし）
立木伐採
玉切・搬出
植菌
伏せ込み
伏込管理
ほだ木育成過程　約1年半
（収入なし）
生シイタケ栽培
きのこ生産過程　2～3年間
（収入あり）
ほだ起こし
浸水
芽出し
展開
採取・出荷
ほだ木休養
古ほだ整理
6～8日間
1～2ヶ月間
※　内作業は浸水毎に繰り返す
1年間に3～4回、2年間で6～8回行う

②労働力
③資金力
④技術力
⑤栽培環境の整備

乾シイタケの経営モデル（ほだ木年植5000本、用役ほだ木2万本）

技術・経営の特徴

経営方式

他作物との複合経営における冬期の経営作物として乾シイタケ経営を行うものとする。

担い手

家族経営（自家労働力2人）

技術・経営成果

年植ほだ木5000本、伏せ込みほだ木5000本/年、用役ほだ木2万本(所有ほだ木合計3万本)の栽培規模で家族経営を中心に行うと、年間所得約135万円(年間延べ179日就労)、1日当たり農業所得は約7500円が見込まれる。

経営モデルの条件設定および経営のポイント

①年植5000本の伏せ込みを行う。
②すべて立木購入とし、原木価格は立木1本400円、1本当たり8玉採材し、玉切り原木1本分が50円/本に相当するものとする。
(原木平均直径11cm、長さ1.15m、原木1本当たり平均20駒植菌(年植菌駒数10万駒))
③伏せ込み場所は、伐採跡地で裸地伏せとし、二夏経過後の秋からほだ起こしを行う。
④使用品種は低温性品種(主に春採取)30%と中温系品種(秋・春採取)70%の組み合わせとし、発生の分散を図る。
⑤年間発生量は、用役ほだ木1m³(約91本)当たりの1代発生量(4年間)を18kgとする。
⑥人工ほだ場、林内ほだ場の散水施設整備に際しては助成(50%)を受けるものとする。

⑦伏せ込み中は遮光対策、通風管理等を適切に行い、害菌の発生に注意する。
⑧散水により発生を分散し、適期採取を行う。

技術体系

作業名	作業内容	時期	栽培概要・技術のポイント	使用資機材
ほだ木育成	原木調達	～9月	・発生場所（ほだ場）の近くで、地利的条件の良い東～南向きの山で15年生程度のクヌギ林が最良。	
	伐採準備	10月	・伐採地の下草や雑木を除去し、伐採に備える。前年も実施しておくと当年作業が容易になる。	刈払い機 チェンソー
	原木伐採	11月	・樹液の流動が停止した、3～7分紅葉期の晴天時に伐採する。（降雨後は樹液が流動する）	チェンソー
	葉枯らし	伐採～玉切り	・伐採後、40～60日を目安に枝葉を着けたまま放置し、原木内部水分を適度に低下させ、原木組織の枯死を図る。	
	玉切り	1～2月	・葉枯らしの完了確認後、1.1～1.2m程度に玉切る。 ・玉切り後は、100本程度の集団に木寄せを行い、駒打ちまでの間は笠木等を掛け、過乾燥と直射日光 を避ける。	チェンソー
	種菌接種（駒打ち）	1～3月	・玉切り・木寄せ後は早めに種駒を接種する ・駒打ちは、遅くとも4月上旬までに終える。 ・駒打ちが終了したほだ木は、笠木等で覆い直射日光と乾燥を避け、順次仮伏せに移行する。	種駒 ドリル、発電機、金づち
	仮伏せ	駒打ち～活着まで	・駒打ちが終了したほだ木は、種菌の初期活着を図るため、仮伏せを行う。 ・仮伏せは枕木を敷きほだ木を高さ60cm以下に棒積みにし笠木やダイオネット等で日陰する。	ダイオネット （笠木が無い場合）
	本伏せ 伏せ込み管理	4～8月	・仮伏せしたほだ木の種駒の頭部が白く発菌したら、本伏せに移行する。本伏せ場所の環境は、通風と排水の良い山の中腹で日当たりの良い場所が適する。 ・林内に伏せ込む場合は、特に通風、排水の良い場所を選ぶ。 ・夏場は、伏せ込み周囲の下刈りを適宜実施し、通風を図る。	ダイオネット （笠木が無い場合） 刈払い機
ほだ木管理	古ほだ整理 ほだ木管理 その他ほだ場管理	8～10月	・発生を終えた古ほだ木を整理・搬出し、新ほだ木の搬入に備えてほだ場環境を整備する。 ・発生対象ほだ木の天地返し・ほだ回しを行う。 ・8月下旬～9月にかけて適宜ほだ木に散水し菌糸活性を促す。	運搬車、刈払い機、散水施設
発生準備	ほだ起こし	10～12月	・秋春出系の品種は10～11月、春出系品種は11～12月に品種特性に応じた気温まで日最低気温が低下した頃に行う。	刈払い機、運搬車、トラック
発生	発生操作	10～3月	・品種特性に応じた散水管理により、ほだ木の水分を調整し芽切りを促す。 ・低温・乾燥期には、散水・ビニール被覆等で保温・保湿を図り成長を促す。	散水施設
収穫	採取・乾燥	10～5月	・シイタケが目的とする形状に成長した時点で、なるべく降雨に当てず日和子で適宜採取する。 ・採取後は速やかに乾燥する。	採取かご、トラック、乾燥機
出荷調整	選別・出荷	11～6月	・乾燥後は、出荷規格に応じて可能な限り品種別に選別し、梅雨前までに順次出荷する。	選別機・フルイ 出荷箱

作業別・旬別労働時間

経営規模：ほだ木年植5,000本、用役ほだ木２万本当たり

（単位：時間）

作業名	栽培体系 ／ 作業手段	旬	1月	2月	3月	4月	5月	6月	7月	8月	9月	10月	11月	12月	合計
			○ ● ◎	○ ● ◎	○ ● ◎ ☆	○ ● ◎ ☆	○ ● ◎ ☆	○ ☆		□	○ □	○ △ □ ● ◎	○ △ ● ◎	△ ☆ ● ◎	
伐採準備	刈払い機 チェンソー											12			12
原木伐採	チェンソー												52		52
玉切り 木寄せ	チェンソー		78	90											168
接種・仮伏せ	ドリル 発電機		24	97	96										241
本伏せ						36	36								72
伏せ込み管理	刈払い機							20		20					40
古ほだ整理 ほだ木管理 ほだ場管理	運搬車 刈払い機 チェンソー									20	70	70			160
ほだ起こし	運搬車 刈払い機 トラック											28	68	64	160
発生操作	散水施設		12	12	8							4	4	12	52
採取・乾燥	トラック 乾燥機		33	58	123	17						14	37	35	317
選別・出荷	選別機					62	72	14						10	158
合計			147	257	227	139	108	34	0	40	70	128	161	121	1,432
月別合計			147	257	227	139	108	34	0	40	70	128	161	121	1,432

注）○ ほだ木育成　□ ほだ木管理　△ 発生準備　● 発生　◎ 収穫　☆ 出荷調整

生産販売実績

項目	単位	経営体モデル	算出根拠
経営規模	本	20,000	年植 5,000 本（年間伏せ込み量 55m³ / 年）
生産量	kg	990	
商品化率	%	100	調査事例における販売単価推移　県椎茸農協
販売量	kg	990	
販売単価	円／kg	4,055	
販売金額	円	4,014,450	※単価算出根拠：平成 25〜29 年平均

年次	H25	H26	H27	H28	H29
単価	2,427	2,887	5,191	4,987	4,784

経営成果

項目	経営体モデル	算出根拠
営業利益（円）	1,352,476	売上高－（生産原価＋販売費・一般管理費） （労務費には家族労働費を含まない）
売上高営業利益率（%）	33.7	営業利益÷売上高× 100
1 日当たり営業利益（円）	7,556	営業利益÷（労働時間÷ 8 時間） 労働時間＝労働時間合計－雇用労働時間
経常利益（円）	1,352,476	収益（営業外収支を含む） －費用（労務費には家族労働費を含まない） ＝農業所得に相当
売上高経常利益率（%）	33.7	経常利益÷売上高× 100 農業所得率に相当
単位当たり 生産原価（円／kg）	2,084	生産原価÷販売量 （労務費には家族労働費を含まない）
単位当たり 総原価（円／kg）	2,689	総原価（費用）÷販売量 （労務費には家族労働費を含まない）
単位当たり 営業利益（円／kg）	1,366	営業利益÷販売量（＝販売単価－総原価）

資本装備

種類	項目	規模	構造型式	耐用年数(年) a	取得価額(円) b	補助率(%) c	(圧縮後)減価償却費(円) b ÷ a × (1 − c) = d	対象品目 品目負担率(%) e	対象品目 負担分取得価額(円) b × e	対象品目 (圧縮後)負担分減価償却費(円) d × e = f	対象品目 10a当たり減価償却費(円) f ÷ (経営規模/10)
建物・構築物	乾燥庫	50㎡	木造	24	1,000,000		41,667	100	1,000,000	41,667	20,833
	人工ほだ場	10a	鋼管	15	5,000,000	50	166,667	100	5,000,000	166,667	83,333
	林内ほだ場	20a	−	−	0		0				0
	林内ほだ場散水施設	一式		8	500,000	50	31,250	100	5,000,000	31,250	15,625
	小計				6,500,000		239,583		6,500,000	239,583	119,792
農業機械	普通トラック	1台		5	1,500,000		300,000	40	600,000	120,000	60,000
	軽トラック	1台		4	1,100,000		275,000	40	440,000	110,000	55,000
	運搬車	1台		7	500,000		71,429	100	500,000	71,429	35,714
	チェンソー	1台		5	90,000		18,000	100	90,000	18,000	9,000
	発電機	1台		7	130,000		18,571	100	130,000	18,571	9,286
	乾燥機(60枚)	1台		7	1,500,000		214,286	100	1,500,000	214,286	107,143
	乾燥機(30枚)	1台		7	1,200,000		171,429	100	1,200,000	171,429	85,714
	植菌用ドリル	1台		7	20,000		2,857	100	20,000	2,857	1,429
	刈り払い機	2台		7	120,000		17,143	40	48,000	6,857	3,429
	選別機	1台		7	200,000		28,571	100	200,000	28,571	14,286
	採取かご	30個		10	39,000		3,900	100	39,000	3,900	1,950
	小計				6,199,000		1,121,186		4,767,000	765,900	382,950
合計					12,699,000		1,360,769		11,267,000	1,005,482	502,742

経営収支

区分	項目	経営体モデル（3万本）	算出根拠
収益・売上高	販売額①	4,014,450	4,055 円 /kg × 990kg
収益・売上高	販売額②		
収益・売上高	雑収入		
収益・売上高	計	4,014,450	
収益・営業外	その他収入		
収益	計	4,014,450	
費用・生産原価・材料費	原木購入費	250,000	400 円 / 立木× 625 本（5,000 玉分）（発生期間 4 年）
費用・生産原価・材料費	種菌費（種駒代）	270,000	2.7 円 / 駒 × 20 個/ 本 × 5,000 本
費用・生産原価・材料費	ドリル錘	7,000	700 円 × 10 本　1 万個で交換（1 本当たり）
費用・生産原価・材料費	その他資材費	20,000	ソーチェン、刈り払い機刃、チェンソーヤスリ等々
費用・生産原価・材料費	ほだ場材料費	50,000	有刺鉄線、杭、防風ネット、被覆用ビニール等
費用・生産原価・材料費			
費用・生産原価・材料費			
費用・生産原価・材料費	計	597,000	
費用・生産原価・労務費	雇人費		単価　　円／時間×雇用労働時間　0 時間
費用・生産原価・労務費			家族労働費（専従者給与）は含めない
費用・生産原価・労務費			
費用・生産原価・労務費	計	0	
費用・生産原価・外注費			
費用・生産原価・外注費			
費用・生産原価・外注費	計	0	
費用・生産原価・経費	光熱費（ほだ木育成）		
費用・生産原価・経費	混合油	21,600	144 円／ℓ　30 ℓ／1,000 本
費用・生産原価・経費	チェーンオイル	4,330	133 円／ℓ　1 ℓ／500 本
費用・生産原価・経費	ガソリン	5,196	129.9 円／ℓ × 40 ℓ
費用・生産原価・経費	光熱費（きのこ生産）		
費用・生産原価・経費	灯油	182,655	乾燥 73.8 円／ℓ　2.5 ℓ／1kg（乾しいたけ）
費用・生産原価・経費	混合油	4,350	174 円／ℓ　5 ℓ／1,000 本
費用・生産原価・経費	ガソリン	6,495	129.9 円／ℓ × 10 ℓ／100kg
費用・生産原価・経費	エンジンオイル	3,400	850 円／ℓ × 4 ℓ
費用・生産原価・経費	電気料	25,000	
費用・生産原価・経費	減価償却費	1,005,483	
費用・生産原価・経費	修繕費	208,010	6 の表の建物等負担分取得価額の 1 %、農業機械負担分取得価額の 3 %の合計
費用・生産原価・経費			
費用・生産原価・経費	計	1,466,519	
費用・生産原価	計	2,063,519	
費用・販売費・一般管理費	出荷資材費	53,460	OSK 出荷箱等資材　810 円／箱　1 箱当たり平均 15kg
費用・販売費・一般管理費	出荷関連経費	24,750	OSK 消費宣伝費　25 円／kg
費用・販売費・一般管理費	販売手数料	401,445	OSK 出荷手数料　販売額 × 10%
費用・販売費・一般管理費	事務通信費	50,000	電話代、事務用品等　50% = 50,000
費用・販売費・一般管理費	図書研修費	30,000	きのこ新聞購読料 15,000 円、その他研修経費 15,000 円
費用・販売費・一般管理費	租税公課	38,800	車検料　トラック 64,000 円×割合　1 台 × 40% =25,600 軽トラック 33,000 円×割合　1 台 × 40% =13,200
費用・販売費・一般管理費			
費用・販売費・一般管理費			
費用・販売費・一般管理費	計	598,455	
費用・営業外	支払利子	0	
費用	計	2,661,974	
売上総利益		1,950,931	売上高－生産原価
営業利益		1,352,476	売上高－（生産原価＋販売費・一般管理費）
経常利益		1,352,476	収益－費用（家族労働費は費用に含まない）＝農業所得に相当

生シイタケの経営モデル（ほだ木年植1万本、用役ほだ木3万本）

技術・経営の特徴

経営方式

専業経営

担い手

家族経営（自家労働力2人）※駒打ち作業のみパートを雇用

技術・経営成果

年植ほだ木1万本、用役ほだ木3万本の生シイタケ生産を家族経営を中心に経営すると、年間所得約179万円、1日あたり農業所得は約4200円が見込まれる。

経営モデルの条件設定および経営のポイント

①年植1万本の伏せ込み（直径10cm、長さ1mの原木1本当たり平均30駒植菌（成型駒20～60駒、

木片駒20駒））を行う。
②立木を購入して伐採、玉切りし、植菌作業および伏せ込みは発生舎近くで行う。
③できるだけ原木を搬出しやすい場所を購入し、作業は浸水枠、ユニック車を使う。
④初回の浸水時期を決めて、品種や種菌形状を選定する。露地発生の見込まれる中温性品種を必要に応じて導入する。
⑤伏せ込み場所は通風、排水が良く、散水可能で温度がとれる場所で行う。
⑥植菌後から入梅までの散水管理を行う。散水にはエバーフローを使う。散水が行えない場所では植菌から発菌が見られるまで地伏せにする。
⑦伏せ込み中は害菌の発生に注意する。
⑧初回浸水の前には試験浸水を必ず行う。
⑨1回の浸水本数は400本とし、作業にはフォークリフトを使う。
⑩浸水後から幼子実体の発生までは、ほだ木が乾燥しないように管理する。
⑪休養中はほだ木の過乾燥に注意し、前回の発生が少ない場合は休養期間を長くする。
⑫ほだ木1代当たり2年間で7～8回浸水し、3年目は林内ほだ場で収穫する。
⑬暖房には廃ほだを利用する。

⑭秀品率を高めるために、季節に応じて1日複数回収穫する。
⑮ほだ木1本当たり1代（3年間）の発生量は800g、8パック以上を目標にする。
⑯収穫したシイタケは日持ちを良くするために（水分を減少させる）予冷を行う。
⑰原木生シイタケにこだわりを持って購入してくれる消費者に販売する。
⑱生シイタケとして出荷できないきのこは、乾シイタケ（スライスなど）として販売することを検討する。

技術体系

作業名	作業内容	時期	栽培概要・技術のポイント	使用資材
原木準備	伐採準備	10月	・伐採地の下草や雑木を除去する	刈り払い機
	原木伐採	11月	・3~7分紅葉に伐採する	トラック浸水枠
	玉切り	1～2月	・1mに玉切りする	チェンソー
	原木移動	1～2月	・伏せ込み場所の近くに移動する	チェンソー
接種	種菌の接種	2～3月	・原木の水分状態を確認する ・品種は経営及び作型を考えて選定する ・中温性品種は大径木を中心に使用する	自動穿孔機 種菌
伏せ込み	仮伏せ	2～5月	・接種後は直射日光に当てないようにする ・活着、初期伸長のための散水管理を行う ・本伏せに移行する前に活着調査を行う	運搬車 被陰材 エバーフロー
	本伏せ管理	周年	・通風、排水が良く、温度がとれる場所を選定する ・梅雨以降は本伏せに移行する ・散水時間及び間隔は伏せ込み環境、降雨の状況で判断する ・害菌、害虫の発生に注意し、生態的防除に努める ・被陰材の補修を適宜行う	
浸水	浸水槽に移動	周年	・事前にほだ化の状態を確認する ・ほだ化が遅れている場合は浸水を遅らせる ・移動したほだ木は直ちに浸水させる ・初回浸水の前に試験浸水を必ず行う ・浸水時間は品種、ほだ木の状況、時期で判断する	フォークリフト 浸水枠 浸水槽
芽出し	保温・保湿処理	周年	・浸水後に温度及び湿度を適宜保つ ・品種や使用時期によっては省略できる	暖房機
採取	子実体の収穫	周年	・6分開きでの採取につとめる ・気温が高い時期は特にこまめに収穫する	ハウス
選別	選別・包装・出荷	周年	・出荷規格を遵守し、丁寧な作業を行う ・予冷して適度に水分を減少させる ・出荷前まで冷蔵庫で保管する ・虫害品、異物混入に注意する	自動包装機 保冷庫
休養	休養場所へ移動	周年	・直射日光が当たらないところで行う ・ほだ木が過乾燥にならないように適宜散水する ・発生が少ない場合は休養期間を長くする	軽トラック 運搬車

作業別・旬別労働時間

経営規模：３万本当たり

（単位：時間）

作業名	栽培体系／作業手段	旬	1月	2月	3月	4月	5月	6月	7月	8月	9月	10月	11月	12月	合計
			○	○								○	○		
			□	□	□	□	□	□	□	□	□	□	□	□	
			●	●	●	●	●	●	●	●	●	●	●	●	
伐採準備	刈払い機 チェンソー	上													
		中										31			31
		下													
伐採	チェンソー	上													
		中											83		83
		下													
玉切り・木寄せ	チェンソー	上		60											
		中	113	40											313
		下	100												
原木移動	トラック 浸水枠	上		90											
		中	40	70											300
		下	60	40											
接種・仮伏せ	自動穿孔機 運搬車	上				160									
		中			90	90									500
		下			160										
本伏せ管理		上							20						
		中	1	1	1	1	1	20	20	3	3	1	1	1	94
		下						20							
浸水	フォークリフト 浸水枠	上	8	9	5	5	9	9	8	12	13	17	18	15	
		中	8	8	5	5	8	8	8	11	13	16	14	15	375
		下	9	8	5	5	8	8	9	12	14	17	18	15	
芽出し・展開		上	2	2	1	1	1	1	1	1	1	1	1	1	
		中	1	2	1						1	1	1	2	38
		下	2	1	1	1	1	1	1	1	1	1	2	2	
採取		上	15	14	10	8	8	8	13	16	20	25	25	20	
		中	15	13	10	9	9	9	14	17	20	25	15	20	540
		下	15	13	10	8	8	8	13	17	20	25	25	20	
選別・包装・出荷	自動包装機 保冷庫 軽トラック	上	40	30	20	20	20	30	30	40	50	50	55	40	
		中	40	30	20	20	20	30	30	40	50	50	40	40	1,260
		下	40	30	20	20	20	30	30	40	50	50	55	40	
休養	軽トラック 運搬車	上	2	2	1	1	1	1	1	1	1	1	2	2	
		中	2	1	1	1	1	1	1	1	1	1		1	38
		下	1	2	1						1	1	2	2	
合計		上	67	207	197	35	39	49	73	70	85	94	101	78	
		中	220	255	128	36	39	68	73	72	88	125	154	79	3,572
		下	227	254	37	34	37	67	53	70	86	94	102	79	
月別合計			514	716	362	105	115	184	199	212	259	313	357	236	3,572

注）○ ほだ木育成　□ ほだ木管理、浸水操作　● 収穫、出荷

生産販売実績

項目	単位	経営体モデル	1万本当たり	算出根拠
経営規模	本／年	30,000	−	
生産量	kg	8,000	2,667	
商品化率	%	95	95	調査事例における販売単価推移
販売量	kg	7,600	2,533	
販売単価	円	884	884	
販売金額	円	6,718,400	2,239,467	

調査事例における販売単価推移

年次	H25	H26	H27	H28	H29
単価	867	842	898	900	914

経営成果

項目	経営体モデル	1万本当たり	算出根拠
営業利益（円）	1,794,921	598,307	売上高−（生産原価＋販売費・一般管理費）（労務費には家族労働費を含まない）
売上高営業利益率（%）	26.7	26.7	営業利益÷売上高×100
1日当たり営業利益（円）	4,258	4,258	営業利益÷（労働時間÷8時間） 労働時間＝労働時間合計−雇用労働時間
経常利益（円）	1,794,921	598,307	収益（営業外収支を含む） −費用（労務費には家族労働費を含まない） ＝農業所得に相当
売上高経常利益率（%）	26.7	26.7	経常利益÷売上高×100 農業所得率に相当
単位当たり生産原価（円／kg）	412	−	生産原価÷販売量 （労務費には家族労働費を含まない）
単位当たり総原価（円／kg）	648	−	総原価（費用）÷販売量 （労務費には家族労働費を含まない）
単位当たり営業利益（円／kg）	236	−	営業利益÷販売量（＝販売単価−総原価）

資本装備

種類	項目	規模	構造型式	耐用年数(年) a	取得価額(円) b	補助率(%) c	(圧縮後)減価償却費(円) b ÷ a × (1 − c) = d	対象品目			
								品目負担率(%) e	負担分取得価額(円) b × e	(圧縮後)負担分減価償却費(円) d × e = f	1万本当たり減価償却費(円) f ÷ (経営規模 / 1万本)
建物・構築物	作業舎	20㎡	木造	15	500,000		33,333	100	1,000,000	33,333	11,111
	ビニールハウス(3棟)	450㎡		14	1,500,000	50	53,571	100	5,000,000	53,571	17,857
	浸水槽			17	150,000		8,824	100	150,000	8,824	2,941
	小計				2,150,000		95,728		2,150,000	95,728	31,9092
農業機械	普通トラック	1台	2t	5	1,500,000		300,000	25	375,000	75,000	25,000
	軽トラック	1台		4	1,100,000		275,000	50	550,000	137,500	45,833
	運搬車	1台		7	500,000		71,429	100	500,000	71,429	23,810
	フォークリフト	1台		4	1,100,000		275,000	100	1,10,000	275,000	91,667
	浸水枠	100個		7	500,000		71,429	100	500,000	71,429	23,810
	チェーンソー	2台		5	180,000		36,000	100	180,000	36,000	12,000
	自動穿孔機	1台		7	750,000	50	53,571	100	750,000	53,571	17,857
	暖房機	3台		7	1,200,000	50	85,714	100	1,200,000	85,714	28,571
	自動包装機	1台		7	1,200,000	50	85,714	100	1,200,000	85,714	28,571
	保冷庫	1坪		7	400,000	50	28,571	100	400,000	28,571	9,524
	小計				8,430,200		1,282,429		6,755,000	919,929	306,643
生物											
	小計				0		0		0	0	0
合計					10,580,200		1,378,157		8,905,000	1,015,657	338,552

経営収支

区分			項目	経営体モデル（3万本）	1万本当たり	算出根拠
収益	売上高		販売額①	6,718,400	2,239,467	
収益	売上高		販売額②		0	
収益	売上高		雑収入		0	
収益	売上高		計	6,718,400	2,239,467	
収益	営業外		その他収入		0	
収益			計	6,718,400	2,239,467	
費用	生産原価	材料費	原木購入費	500,000	166,667	単価　50円×10,000本
費用	生産原価	材料費	種菌代	810,000	270,000	単価　2.7円×　　30駒 × 10,000本
費用	生産原価	材料費	ドリル錘	21,000	7,000	単価 700円×　　30本（10,000駒で交換）
費用	生産原価	材料費	諸材料費２	20,000	6,667	庇陰材、保湿シート、エバーフロー等
費用	生産原価	材料費			0	
費用	生産原価	材料費	計	1,351,000	450,333	
費用	生産原価	労務費	雇人費	150,000	50,000	単価 750円／時間×雇用労働時間 200時間
費用	生産原価	労務費	福利厚生費		0	家族労働費（専従者給与）は含めない
費用	生産原価	労務費	計	150,000	50,000	
費用	生産原価	外注費			0	農作業委託料、共同施設利用料
費用	生産原価	外注費			0	
費用	生産原価	外注費	計	0	0	
費用	生産原価	経費	光熱費		0	
費用	生産原価	経費	混合油	43,200	14,400	単価　144円×　300ℓ　30ℓ／1,000本
費用	生産原価	経費	チェーンオイル	8,660	2,887	単価　433円×　20ℓ　2ℓ／1,000本
費用	生産原価	経費	エンジンオイル	10,200	3,400	単価　850円×　12ℓ
費用	生産原価	経費	ガソリン	155,880	51,960	単価 129.9円×1,200ℓ
費用	生産原価	経費	電気代	120,000	40,000	
費用	生産原価	経費	農具費		0	
費用	生産原価	経費	修繕費	224,150	74,717	６の表の建物等負担分取得価額の１％、農業機械負担分取得価額の３％の合計
費用	生産原価	経費	共済掛金		0	
費用	生産原価	経費	減価償却費	1,015,657	338,552	
費用	生産原価	経費	土地改良費		0	
費用	生産原価	経費	地代賃借料		0	
費用	生産原価	経費	作業衣料費	50,000	16,667	
費用	生産原価	経費	計	1,627,747	542,582	
費用	生産原価		計	3,128,747	1,042,916	
費用	販売費・一般管理費		荷造運賃	896,800	298,933	出荷用包装材料の購入費、製品の運送費用
費用	販売費・一般管理費		販売手数料	705,932	235,144	ＪＡや市場の販売手数料
費用	販売費・一般管理費		事務通信費	100,000	33,333	電話代　100,000円×割合　100％＝ 100,000
費用	販売費・一般管理費		図書研修費	15,000	5,000	きのこ新聞購読料　15,000円×割合 100％＝ 15,000
費用	販売費・一般管理費		支払保険料	45,000	15,000	販売管理用固定資産の保険料
費用	販売費・一般管理費		雑費		0	
費用	販売費・一般管理費		租税公課	32,500	10,833	車検料　トラック 64,000円×割合　25％＝ 16,000 軽トラック 33,000円×割合　50％＝ 16,500
費用	販売費・一般管理費		計	1,794,732	598,244	
費用	営業外		支払利子		0	
費用			計	4,922,479	1,641,160	
売上総利益				3,589,653	1,196,551	売上高－生産原価
営業利益				1,794,921	598,307	売上高－（生産原価＋販売費・一般管理費）
経常利益				1,794,921	598,307	収益－費用（家族労働費は費用に含まない）＝農業所得に相当

事例（編集部）

実践エピソード—積雪地での原木シイタケ栽培

ここまで、原木シイタケ栽培の標準的な方法として、大分県内で普及している方法を紹介してきました。一方、他の地域ではどのように栽培されているのでしょうか。その一例として、特別豪雪地帯である新潟県糸魚川市で原木シイタケ栽培を行っている大山正則さん（新潟県指導林家）に、実践談とこれから始める方へのアドバイスを伺いました。

大分県での標準的な栽培方法とは異なる部分がありますが、気候や樹種、経営方針などの諸条件が異なれば、それに合わせて栽培方法も変わるという、原木シイタケ栽培の奥深さが読み取れます。（まとめ／編集部）

原木に使う樹種

シイタケには主にコナラを使っています。こちら（新潟県糸魚川市）にはクヌギがほとんどないんですよ。ミズナラはナラ枯れ（カシノナガキクイムシが媒介するナラ菌により、ミズナラ等が集団的に枯損する被害）でほとんどやられてしまって。それ以外の雑木はナメコ栽培に使っています。

ちなみにナラ枯れで一度枯れた木は、シイタケ原木には使えません。植菌してもまったくダメです。うちでは薪にしています。

大山正則さん・尚子さん夫妻

積雪地での原木伐採・植菌時期

こちらは雪国なので、ちょっと特殊だと思います。

まず原木の伐採ですが、3月下旬までに根切り（伐倒）します。春に葉っぱが出てしまうと樹皮が剥がれやすいので、その前ですね。秋の落葉後に根切りしたこともあるんですけど、植菌するまでに乾き過ぎるんですよね。特に細い枝が。その失敗もあって、今は3月下旬に根切りします。

その時分は、地面は雪に覆われています。雪があった方が雑菌が出にくく、雪の上で伐った方が成績が良かったんだけど、今はナラ枯れで雑菌が芯の方に回ってしまっていて、関係なくなりましたね。外側は大丈夫なんだけど、芯の方にはもう、ほかの菌が入っているような状態で。自然にナメコが出たりヒラタケが出たり、シイタケには良くないですね。

根切りしたら、その状態のまま2カ月間「枝干し」（乾燥）します。栽培を始めた当初は、伐った木の上に次に伐った木が重なっていって作業が大変だから、その場ですぐ玉切っていたんですが、それが原因で失敗を繰り返した関係で、今はすべて枝干しをしています。

枝干しの間に田んぼの作業をやってしまい、6月に玉切り。それだけ干すとカラカラになるんですよね。玉切ると、木口に水気がなくて白い状態。その状態で植菌すれば、最高の菌回りになるんです。

そして7月に植菌します。

元玉も原木として使う

私は伐採からやっていますので、根元の太い部分から直径3㎝くらいの枝まで（ドリルで穴が開けられる細さまで）、すべて原木に使っています。

太い木は扱うのが大変なので、長さ50㎝のほだ木にしています。ただ、太い原木を使うと雑菌が出やすいんですよね。こちらはナラ枯れが結構出まして、生きている木でも、芯の方に雑菌が入ってしまっています。枝の方はほとんど大丈夫なんですよ。雑菌も出ません。

種駒の買い方

これから始める方なら、ホームセンターで買ってもいいでしょう。近くに森林組合があれば、そちらに頼めば間違いないですけど、植菌の時期を外さないよう早く頼んだ方がいいかもしれません。

うちは種菌メーカー（森産業）に1万駒単位で直接注文しています。7月に植菌なので、6月下旬に注文です。種駒は植菌の時期に合わせて買うんですよ。種駒にも鮮度があるからです。買ったらすぐ植菌するのがベスト。それが無理なら、すぐ保冷庫に入れます。

栽培の実際

山の中ですから、発電機を持ち込んで、ドリルで穴を開けます。シイタケ栽培用のドリルは1万回転／分の高速回転なので、原木に当てた瞬間に穴が開きますよ。細い原木には、5連の穴開け機を長年大事に使っています。

太い木は、山で玉切ると運ぶのが大変なので、長さ2mの状態で4tトラックでほだ場まで運び、それを長さ50cmに玉切ります。短いから転がしやすく（駒打ち作業が楽で）、年配の女性にもできます。

植菌したらすぐ、木口を下にして立てます。発生までそのままです。葉枯らししてある木だから、よく菌が回るんです。地面にも菌が伸びていってしまうほどです。

太い木には乾シイタケの品種を入れています。基本的に、乾シイタケの品種を入れたほだ木は、植菌後に山（ほだ場）に並べたまま（伏せ込んだまま）動かしません。雑菌が入ったほだ木以外は、それだけでシイタケが出ます。それを収穫します。

これらの山での自然発生に加えて、ハウスで夏出し（生用品種を夏期に発生させる）も行っています。夏出しには浸水操作が必要なので、コンテナや水槽等、設備投資を行うことになりますね。

ほだ場に立てて並べた太いほだ木

生シイタケを周年栽培するためのハウス。生用品種は浸水操作によって夏期にも発生させることができます

収穫したシイタケは、ほとんどを直売

生も乾も、直売・注文がほとんどですね。作っただけ売れる状況です。スーパーにも直で出しています。結構売れますよ。元々は市場へ出荷していたんですけど、より有利な販売を目指して、直売に切り替えました。

近所の直売所でも原木シイタケは非常に好評で、出しただけ売れますから、それに合わせて1年中出荷しています。

初心者にお勧めの経営スタイル

いろんな経営スタイルがあるので一言では難しいですが、まずは（林内栽培で）自然発生するシイタケを直売所で売ることから始めてみたらどうでしょう。採れたものを生で直売所に出すなら、特別な設備投資が不要ですから。

こちらでは、春はどの品種も一斉に発生するんですよ。私も当初、それらの自然発生を全部生で売ろうと思えば売れたんですけど、どうしても安くなる。そこで、何とか高く売りたいと思って乾燥機を入れて乾燥（乾シイタケ）を始めたんですよ。

気候に合った品種を選ぶ

始めた当時は、まるっきり何も分かりませんでした。特に苦労したのは、菌の品種、特性が分からなかったこと。品種によって管理の方法が変わりますから。それで全国を飛び回って学びました。

太平洋側と日本海側とでは気候が違いますから、同じ品種でもシイタケの出方がまったく違うんですよね。だから品種選びには苦労しました。自分の地域にあった品種を選ぶことが大事だと思います。

資料

原木シイタケ栽培の年間スケジュール

原木シイタケ（乾シイタケ）栽培に必要な主要作業の年間スケジュールをご紹介します。

これは大分県版のため、各作業の時期は地域により異なりますが、作業の大まかな流れや段取りの参考としてください。

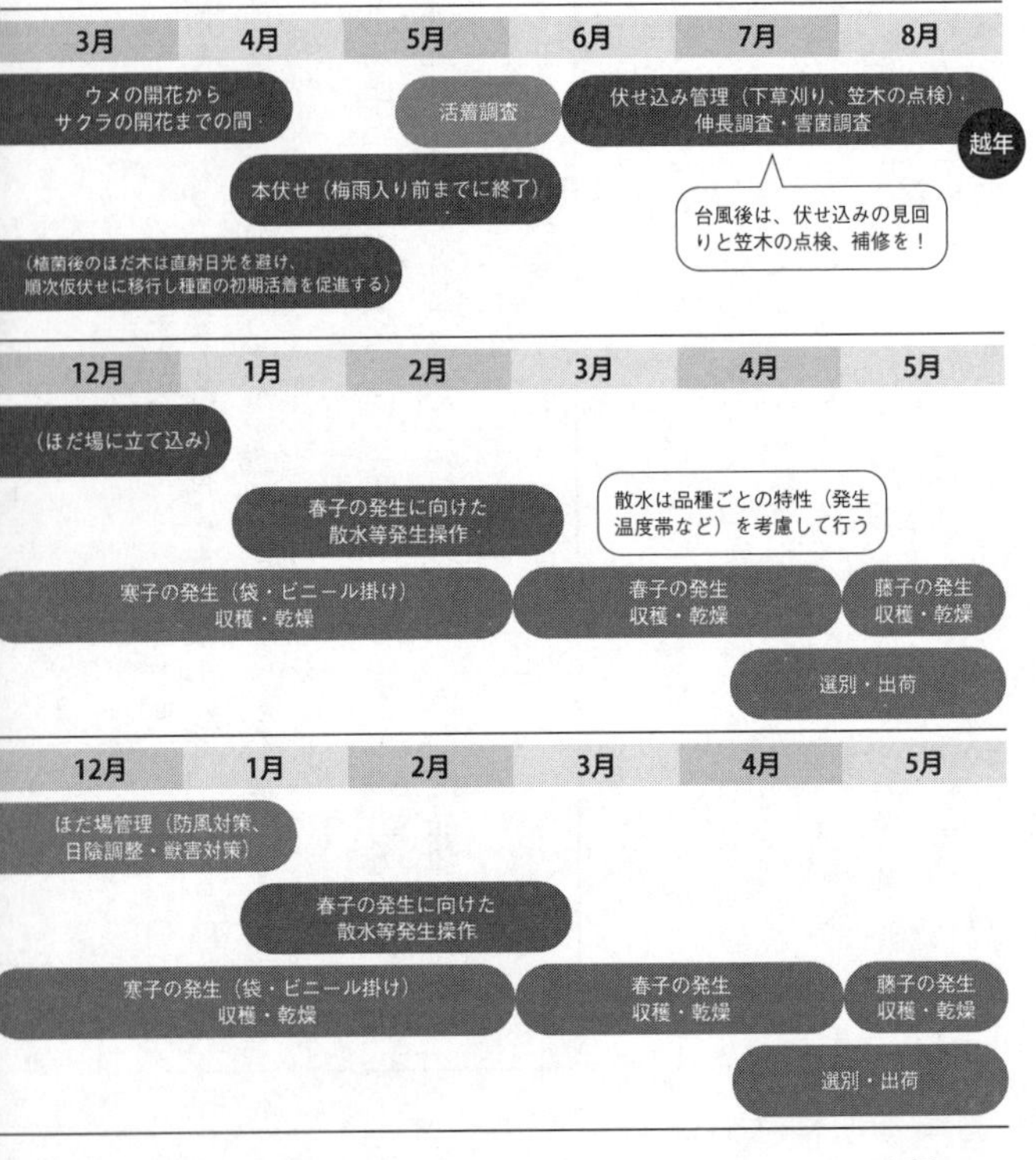

※「乾シイタケ栽培暦」(大分県農林水産研究指導センター林業研究部きのこグループ)を元に、編集部で改変。原版は以下の URL および右の QR コードからアクセス、ダウンロード可能です。

www.pref.oita.jp/uploaded/attachment/136479.pdf

原木シイタケ栽培の年間スケジュール

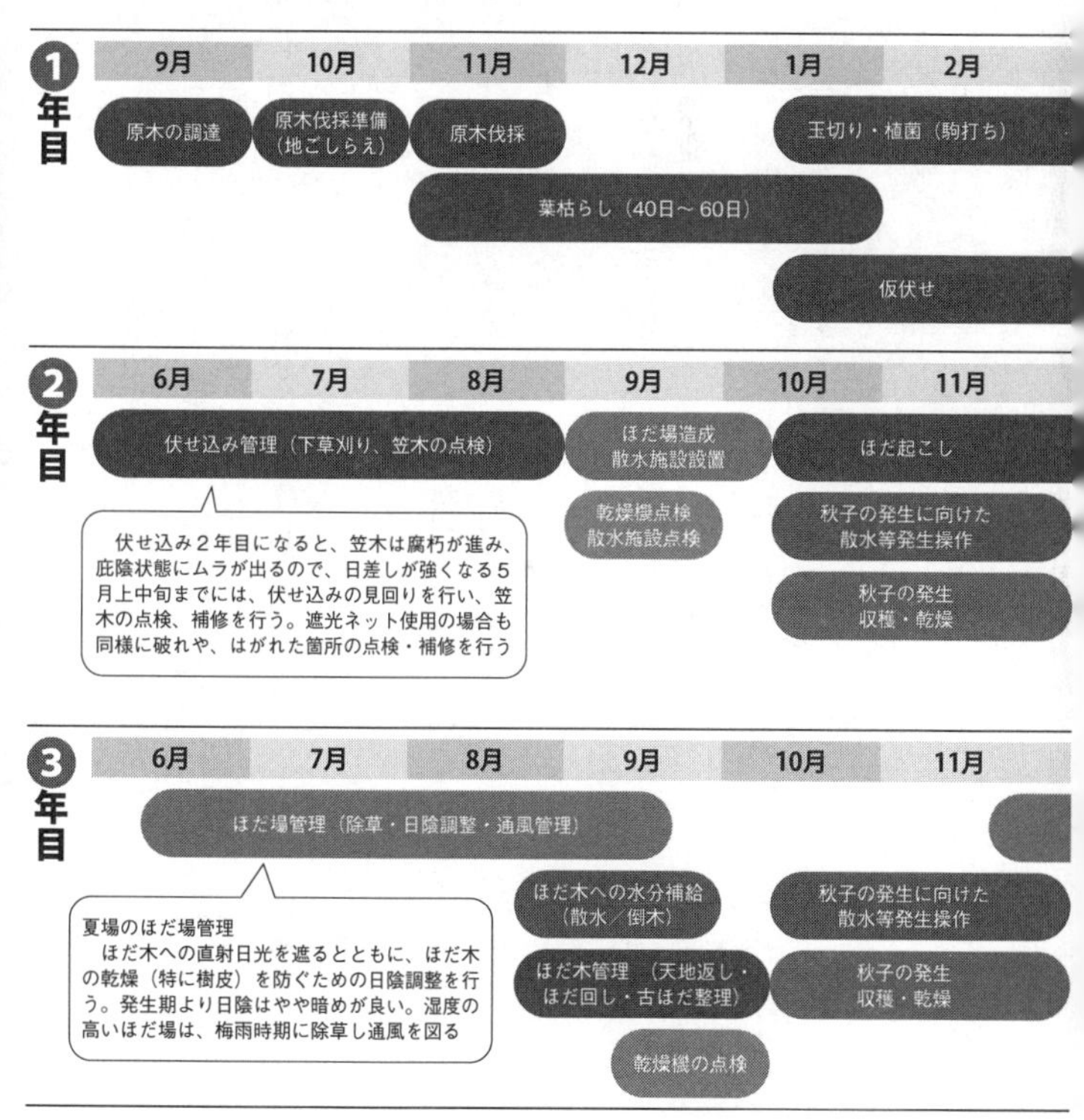

原木シイタケ栽培用語

秋伐り（あききぎり）

原木を秋季に伐採することを言う。クヌギなどの落葉樹では少し緑葉の残っている紅葉の頃が適期といわれる。

穴採り（あなどり）

原木へ接種した接種孔からシイタケを発生させて採取すること。接種孔以外のところよりも早く発生することから、短期間でほだ木を回転させることができる。オガ菌や成型駒を使用し、種菌を多植すると、植菌当年に接種孔からシイタケが発生しやすい。

雨子（あまこ）

雨に当たって水分を多く含んだシイタケ。乾燥させる場合は開始温度などに注意が必要である。

あまはだ

内樹皮のこと。外樹皮（粗皮）の内層の組織で、あま皮、靭皮部、師部とも言う。木が生きているときは水分を多く含み、柔らかい。

石づき（いしづき）

きのこの柄のほだ木にくっついている硬い部分のこと。

1年ほだ（いちねんほだ）
植菌後、1年未満のほだ木を言う。ほだ木を数え年で数えた場合の経過年数。

一核菌糸（いっかくきんし）
シイタケのような担子菌の胞子が発芽して生じた単相（各細胞に1個の核がある）の菌糸。一次菌糸、単相菌糸とも言う。一核菌糸（一次菌糸）からは、きのこ（子実体）はつくられないが、例外的にナメコではつくられることが知られている。

1才木（いっさいぎ）
伏せ込みが終わり、シイタケが発生するようになった新しいほだ木を言う。普通は植菌後、二夏経過したほだ木で、新ほだ、新木とも言う。

入れ木（いれき）
ほだ木の伏せ込みのこと、あるいは伏せ込んだほだ木のことを言う。（大分県内）

岩肌（いわはだ）
クヌギなどシイタケ原木に使われる樹種の樹皮（外樹皮）で、厚く粗いものを言う。表面が岩の肌のように見えることから、そう呼ばれている。鬼肌などとも呼ばれる。岩肌⟷さくら肌・ちりめん肌

腕木（うでぎ）
ほだ木を鳥居やよろいに組むときに両端に立てかけるほだ木を言う。

うわほだ

シイタケ菌糸が材の表面近くだけに伸張し、内部にはまん延していないほだ木のことで、材の中心部の水分が抜け切れていない場合になりやすい。

柄（え）

きのこの傘を支えている足の部分。菌柄、足、茎。

枝打ち（えだうち）

林木の枝を切ること。本来の目的は、スギ、ヒノキなどで節のない良質材を生産することであるが、ほだ場や伏せ込み場の場合は、日光や雨が適度に入り込むようにするため、あるいはほだ木を置くための枝下高を確保するために実施する。

えびら

シイタケを乾燥するときに用いる底が網になった浅い容器。最近はプラスティック製のものがよく用いられている。このえびらにシイタケを並べて乾燥機に入れる。

起し木（おこしぎ）

ほだ起こしすること、または新ほだ（1才ほだ）を言う。

おろし木（おろしき）

ほだ起こし（ほだ下ろし）のこと、またはほだ起こしをした木を言う。

害菌（がいきん）

シイタケ菌の生育を阻害したり、殺傷したりする菌のこと。前者は、ほだ木に着生する種々の木材腐朽菌が含まれ、シイタケ菌とほだ木内で生育圏の占有争いや栄養分の奪い合いを行い、農作物の雑草に相当するので、雑草的害菌とも言う。後者は抗菌性物質を生産し、シイタケ菌を殺傷する病原性を持つ菌であり、病原的害菌（菌寄生菌）とも言う。

外樹皮（がいじゅひ）

樹皮の外層の硬化した部分で樹体を保護する役割がある。外樹皮が厚いと光や水を通しにくいので、シイタケが発生しにくい。

欠け葉（かけは）

かさの縁の欠けた乾シイタケのことで、商品価値は低い。

傘（かさ）

シイタケなどのきのこの上部のかさ状に広がった部分で、裏にひだがある。菌傘。

笠木（かさぎ）

仮伏せや伏せ込み（主に野伏せ）の際に直射日光を防ぐため、ほだ木の上にかけて日陰を作る枝葉のこと。

かたほだ

樹皮に独特のつやがあり、ほだ木全体が堅くしまったもの。

褐色腐朽菌（かっしょくふきゅうきん）

木材腐朽菌のうち、主にセルロースやヘミセルロースを分解する菌で、材が褐色に変色することから褐色腐朽菌と呼ばれる。きのこでは、マツオオジやハナビラタケ等が属する。

かび

糸状の菌糸のままできのこ（子実体）をつくらない菌類の総称。糸状菌。

カプロー駒（かぷろーごま）

メッシュの不織布（ふしょくふ）にオガクズ菌を詰め、封ロウ（ロウ蓋）した成型菌。従来のオガ菌と同様に植菌した年の秋から発生が可能で、植菌作業も駒を埋め込むだけで、容易である。

仮伏せ（かりぶせ）

植菌後、菌糸を早く活着させ、菌糸のまん延を促すため、一時的にほだ木を棒積み（横積み）や束立て（縦積み）し、直射日光を当てないよう枝葉やこも、遮光ネット等で覆い保温・保湿を図る作業。

軽ほだ（かるほだ）

著しく軽く、水分を吸収しにくいほだ木。

寒切り（かんぎり）

寒い時期に原木を伐採すること。カシ類やシイ類は寒切りが適している。

寒子（かんこ）

師走ごろから翌年2月ごろまでの寒い時期に発生するシイタケ。寒い時期にゆっくりと育つので肉質の厚い（どんこ）冬菇が多くなる。

完熟ほだ（かんじゅくほだ）

ほだ木全体にシイタケ菌糸がむらなくまん延したもの。丸ほだとも言う。

間伐（かんばつ）

林木を抜き切りすること。本来の目的はスギやヒノキ林で、林木の混み合いが始まる頃から林木相互の競争を緩和し、残存木の利用価値の向上と、林内に光を入れ下層の草木の生育を図り地表の土砂流出などを防ぐために行うものであるが、ほだ場や伏せ込み場では、良質シイタケの発生や菌糸の伸長を促進するため、日光や雨が適度に入りやすいように間伐を行う。

きのこ

菌類の中で、肉眼で認められるくらい大きな子実体（繁殖体）を作るものの総称。

キノコバエ

きのこを食害するハエ類。シイタケを食害するシイタケトンボキノコバエなど。

菌糸（きんし）

菌類の体をつくっている微細な糸状の細胞または細胞の列。

菌糸紋（きんしもん）

ほだ木の木口に現れるシイタケなどの菌糸の紋様のこと。シイタケ菌糸のまん延の状態を知る手がかりとなる。

菌類（きんるい）

きのこやかび類の総称。

クランプ

クランプコネクション（嘴状突起とも言う）の略称。シイタケなどの二次菌糸が細胞分裂する時に作る「かすがい」状の突起のこと。

黒子（くろこ）

雨に当たり水分を多く含んだシイタケの乾燥で急激に温度を上げた場合など、シイタケが煮えた状態になり、黒くなったシイタケ。

黒ほだ（くろほだ）

害菌の侵入などにより表面が黒くなったほだ木。

形成菌（けいせいきん）

のこくず種菌を種駒型に培養した種菌で成型菌とも言う。

形成層（けいせいそう）

樹皮部と木質部の中間にあって細胞分裂により内側に材、外側に樹皮をつくる組織。

原基（げんき）

子実体（きのこ）の基になる菌糸の結合した塊。

原木（げんぼく）

種菌を植え付け、シイタケ栽培に使用する木のこと。一般には、立木から伐採、玉切ったものまでを原木、植菌後をほだ木と呼んでいる。

原木栽培

伐採し、玉切った木に種菌を植え付け、きのこを栽培する方法。

高温障害（こうおんしょうがい）

高温のためにシイタケ菌糸が死んだり弱ったりすることで、害菌発生の原因にもなる。品種によって差があるがシイタケ菌糸は約40℃以上になると数時間で死滅するといわれる。夏期にほだ木が直射日光を受けると樹皮部の温度が40℃以上になることがあるので、ほだ木は直射日光を受けないように管理する必要がある。

高温性品種（こうおんせいひんしゅ）

シイタケの発生温度が15～25℃の比較的高温で発生する品種を高温性品種あるいは高温菌と言う。真夏の高温下でも冷たい水に浸水すれば、よく発生する性質があることから、生シイタケ栽培の夏出し品種として使用する。

香菇（こうこ）

傘のやや開いた冬菇、あるいはかさの開きが少なく肉の厚い香信に相当する乾シイタケ。傘が6～7分開きの時に採取、乾燥する。

香信（こうしん）

傘が7～8分開きの時に採取、乾燥した肉の薄い乾シイタケで、暖かくなって湿度が高まってきてからとれるシイタケは香信が多くなる。

広葉樹（こうようじゅ）

葉が広く、平たい樹木の総称で、冬に落葉してしまう落葉広葉樹と古い葉から落葉はするが、年間を通して葉の着生している常緑広葉樹に分けられる。シイタケ栽培には、クヌギ、コナラ、クリ、ノグルミ、シデ類などの落葉広葉樹やシイノキ、カシ類などの常緑広葉樹が原木として用いられるが、県内ではクヌギが最も多く用いられている。

殺生菌（さっせいきん）

他の生物の細胞や組織を殺して、そこから栄養を取って生活する菌。

ざらほだ

害菌の侵入で内樹皮部がざらざらした状態になり、指でくずせる状態になったほだ木。シイタケは発生しない。

時化打ち（しけうち）

台風などの大雨のとき、あるいは散水に併せてほだ木の木口や樹皮面をたたき、その刺激できのこの発生を促すこと。

子実体（しじつたい）

菌類が胞子を形成するために作る菌糸の集合体組織で、高等植物の花や果実に相当する。肉眼で認めることができるくらい大きい子実体をきのこと言う。

自然栽培（しぜんさいばい）

原木栽培、菌床栽培において、林内など自然の環境や気象を利用して栽培すること。

周年栽培（しゅうねんさいばい）

シイタケなどのきのこを環境調節や品種の選択によって、1年中発生させる栽培法。

種菌（しゅきん）

シイタケなどきのこ栽培に使われる基になる菌のこと。オガ菌、種駒（木片駒）など。

植菌（しょっきん）

種駒やオガ菌を原木などに植え付けることで、接種とも言う。

新木（しんき）

菌糸がまん延した後、シイタケを発生させるため、伏せ込み地からほだ場へ移した1才ほだのこと。新ほだとも言う。

人工乾燥（じんこうかんそう）

シイタケなどを乾燥機を用いて乾燥すること。人工乾燥↔天日乾燥

人工庇陰（じんこうひいん）

伏せ込み地やほだ場において、化学繊維のネットやよしずなどの資材で作る人工的な日陰のこと。

人工ほだ場（じんこうほだば）

人工庇陰や雨よけ装置及び散水装置を備え、パイプや間伐材等を骨組みに利用したほだ場のことで、平坦な場所に設置される。栽培に伴う労働の軽減化や気象条件に左右されにくい高品質シイタケ生産を目的に設置数が増加している。

心材（しんざい）

樹木の中心部を形成する材色の濃い部分で、樹木が肥大成長するにつれて、樹心に近いところから順次死細胞となるので心材は死細胞だけからなり生活機能がない。針葉樹が広葉樹よりも辺材、心材の区別がは

っきりしているものが多い。シイタケ菌糸は侵入しにくい。

浸水（しんすい）

ほだ木を水に浸け、水分や温度（低温）刺激を与える作業。生シイタケの原木栽培で、発生操作として一般的に行われる。

浸水打木（しんすいだぼく）

シイタケの発生を促すために、浸水したほだ木の木口等を叩いて刺激を与えること。

新ほだ（しんほだ）

シイタケが本格的に発生するようになったほだ木で、新木とも言う。植菌後、二夏経過し（一夏の場合もある）、ほだ起こし（ほだ下ろし）をしたものを言う。

針葉樹（しんようじゅ）

スギ、ヒノキ、マツなどのように平行脈の葉を持つ樹木を言う（イチョウは葉が偏平形であるが、針葉樹に含まれる）。多くは常緑であるが、カラマツ、メタセコイヤなどのように落葉する樹種もある。一般的にきのこ栽培用の原木には不向き。

成型駒（菌）（せいけいこま）（きん）

オガ菌を固めて駒の形に成形し、発砲スチロールのふたをした原木栽培用の種菌。形成菌とも言う。

接種（せっしゅ）
種菌を原木や培地に植え付けることで、植菌とも言う。

束立て（そくだて）
ほだ木の乾燥を防ぐため、ほだ木を立てて束ねるように寄せ集めることを言う。仮伏せのときの1つの方法として用いられる。

帯線（たいせん）
ほだ木の内部（木部表面など）に現れる黒色ないし褐色の線。シイタケ菌糸と害菌の接触部分に見られる。拮抗線とも呼ばれる。

多植栽培（たしょくさいばい）（多孔植菌）（たこうしょっきん）
ほだ付き率を向上させ、発生時期を早めるために、通常よりも種菌を多く接種すること。生シイタケの原木栽培では、短期間にほだ木を回転（利用）し、投資資金を早期に回収するため、オガ菌や成型駒の多植栽培が普通に行われている。

種駒（たねこま）
木材腐朽性のきのこの栽培に用いる木片に菌糸を純粋培養した種菌のこと。駒菌。

打木刺激（だぼくしげき）
シイタケなどきのこの原木栽培において、きのこの発生を促すため、ほだ木の木口や樹皮面をたたいたり、ほだ木を地面に打ち付けたりすること。

玉切り（たまぎり）

伐採した原木を適当な長さに切りそろえること。乾シイタケ栽培では1・0〜1・2m、生シイタケ栽培では1.0mが標準である。

担子菌類（たんしきんるい）

有性生殖器官として担子器（棍棒状の細胞）をもち、その担子器の先に通常4個の胞子（担子胞子）を作る菌類のこと。シイタケなどのきのこは、ほとんどが担子菌である。

担子胞子（たんしほうし）

有性生殖によって、担子器上につくられる胞子のこと。

茶花冬菇（ちゃばなどんこ）

乾シイタケの品柄の1つで、かさの表面に多数の茶色の亀裂がある冬菇。白色の亀裂のあるシイタケに雨が当たった場合にできる。

中温性品種（ちゅうせいひんしゅ）

シイタケの品種を子実体（きのこ）の発生温度の違いで、高・中・低に区分した場合、中温域（10℃〜20℃）が発生適温のもの。中温菌。

ちりめん
原木の樹皮の表面に溝が多く、ちりめん状にみえるもの。樹皮表面の粗いものよりも栽培に適している。さくら肌。

作り子（つくりこ）
浸水、散水、ほだ倒しなどで発生させる操作、または、その操作によって発生したシイタケ。

低温性品種（ていおんせいひんしゅ）
シイタケの品種できのこの発生適温が低温域（5℃～15℃）のもの。低温菌。

展開（てんかい）
形の整ったシイタケに成長するように、また、採取しやすいようにほだ木を組み替えること。

天地返し（てんちがえし）
伏せ込み地及びほだ場において、ほだ木の上下を反転させること。

天白冬菇（てんぱくどんこ）
乾シイタケの品柄の1つで、かさの表面の白色の亀裂の占める割合が高い冬菇。

天日乾燥（てんぴかんそう）
シイタケを日光と風によって乾燥すること。天日乾燥↔人工乾燥

道管（どうかん）

広葉樹にみられる水分の通道組織で、シイタケなどの菌糸がほだ木の材部に伸張するときに、この管をよく利用する。

凍結散水（とうけつさんすい）

厳寒期に散水してほだ木を凍結させること。低温刺激と水分供給のために行う。

冬菇（どんこ）

気温の低い時期にゆっくり成長した肉の厚いシイタケをかさが5～6分開きのときに採取、乾燥したもの。

内樹皮（ないじゅひ）

外樹皮の内側、形成層の外側にある樹皮組織で、あま皮、生皮、靭皮とも言う。最初、この部分にシイタケ菌糸が活着・伸長する。

流れほだ（ながれほだ）

発生しつくしたことにより、あるいは害菌の侵入により木材養分がなくなり、シイタケが発生しなくなったほだ木。

鉈目式栽培（なためしきさいばい）

飛来したシイタケの胞子が着生しやすいように原木の樹皮に鉈で傷を入れ、ほだ木を作るシイタケ栽培法。シイタケの栽培は、最初はこの鉈目式栽培法で行われた。

鉈目処理（なためしょり）
ほだ木が水分を吸収しやすいように、樹皮に鉈で傷をつけること。同様の目的でくぎにより傷をつけることもある。

生シイタケ（なましいたけ）
乾燥していない生のシイタケのこと。生シイタケの生産を目的とした原木栽培では、秋から春にかけて自然的に発生したシイタケを採取する方法と、ほだ木を水槽の水につけ、急激な吸水（低温刺激と水分を与える）と打木による刺激をほだ木に与え、シイタケを発生させる不時栽培とがある。いずれも高温性や中温性、低温性など発生適温の異なるシイタケ品種の性質を利用して栽培する。生シイタケ⟷乾シイタケ

にえつき（にえ子）
水分の多いシイタケを最初から高温で乾燥したため、褐色や黒色になった乾シイタケのことで、乾燥の失敗により生じる。

二核菌糸（にかくきんし）
和合する（互いに性因子の異なる）一核菌糸同士が接合して生じた各細胞に2個の核がある菌糸で、二次菌糸、複相菌糸とも言う。ほとんどの担子菌の二核菌糸にはクランプ（クランプコネクション）がつくられ、一核菌糸あるいは担子菌と他の菌類の菌糸とを識別する重要な要素となっている。

のこくず種菌（のこくずしゅきん）

のこくず培地にきのこの菌糸を培養した種菌で、オガ菌とも言う。

野伏せ（のぶせ）（裸地伏せ）（らちぶせ）

クヌギなどの原木を伐った跡の裸地にほだ木を組み、上に直接伐採した原木の枝をのせて直射日光を防ぐ伏せ込み方法のことで、九州地方では一般的に行われている。なお、庇陰のために上にのせる枝のことを笠木（傘木）と言う。

廃ほだ（はいほだ）

シイタケが発生しつくしたほだ木のこと。

葉枯らし（はがらし）

水分を抜くために、原木を緑葉が少し残っている段階の黄葉の時期に伐採し、葉をつけたまま乾燥させること。

白色腐朽菌（はくしょくふきゅうきん）

木材腐朽菌のうち、主にリグニンと多糖類（セルロース・ヘミセルロース）を分解する菌で、リグニンが分解されることによって、材が白く変色する。このため、白色腐朽菌と呼ばれる。シイタケ、エノキタケ、ナメコなど栽培されている大部分のきのこが白色腐朽菌である。

走り子

通常では、植菌して二夏経過後にほだ起こしをして、シイタケを発生させるが、植菌後1年目でほだ起こし前のほだ木から発生したシイタケのこと。

はねほだ

害菌・害虫等によりシイタケ菌糸のまん延が阻害され、シイタケの発生が見込まれないほだ木で、ほだ起こしの際に、そのまま捨てられるほだ木。

ハラアカコブカミキリ

カミキリムシの一種でシイタケほだ木の害虫。笠木や植菌当年の小径（5～8㎝）のほだ木が被害を受けやすい。比較的乾燥した石や落葉、切り株の下などで越冬した成虫が4月から5月にかけてほだ木や笠木に産卵し、ふ化した幼虫が樹皮下（主に内樹皮）を食害する。8月中頃から材部表面に浅い蛹室をつくり蛹となり、8月下旬頃より羽化し、成虫が脱出する。脱出した成虫は越冬し、翌年の春にほだ木に産卵する。防除はシイタケが食品であることから、殺虫剤の使用は避け、被害を受けやすい小径木のみをまとめ、ネットで覆い産卵を防止するなどの方法を取るのが良い。

春子（はるこ）

春に発生するシイタケのこと。発生時期によって秋子（秋に発生するシイタケ）、寒子（冬の寒い時期に発生するシイタケ）、藤子（春の遅い時期で藤の花の咲く頃に発生するシイタケ）などと言う。

ばれ葉（ばれは）
採取時期の遅れなどでかさが反り返ったり、不整型に波打ったりしたきのこ。商品価値は低い。

庇陰度（ひいんど）
林木、笠木、人工庇陰材などにより直射日光をさえぎる度合いを言う。

ひだ
かさの裏の刃状の構造で、この部分に胞子を形成する。菌褶（きんしゅう）。

日和子（ひよりこ）
収穫時に雨に遭わずに済んだ水分の少ないシイタケ。

封ろう（ふうろう）
オガ菌を詰め込んだ後、種菌の乾燥防止や害菌侵入防止のために、パラフィンを主材とする材料を加熱し、透明な液体になったものを塗布すること。

深穴植え（ふかあなうえ）
原木栽培で植え穴を通常より深くし、植菌すること。主に樹皮の厚い木や大径木、生木状の木を原木として使用する場合に行う。

腐朽度（ふきゅうど）
シイタケなどのきのこの菌が材の成分を分解している度合い。

袋掛け（ふくろかけ）
気温の低い時期に原木栽培で発生したシイタケの芽に、ポリ袋などをかけて保温と保湿をはかり、成長を促進させ、大型、厚肉のシイタケを採取すること。

不時栽培（ふじさいばい）
原木栽培でシイタケなどのきのこが自然発生しないときに、浸水操作等により人為的に発生させる栽培法のこと。

腐生菌（ふせいきん）
生物の遺体や排泄物などを栄養源として生活する菌のこと。

伏せ込み（ふせこみ）
ほだ木を組み、きのこの菌糸をまん延させるための作業のことで、林内や人工庇陰下に置いたり、裸地では笠木を用いて庇陰する。

古ほだ木（ふるほだ）
シイタケなどのきのこ栽培で発生最盛期を過ぎたほだ木のこと。シイタケほだ木の場合は、通常、発生開始から3年以上を経過したほだ木。

辺材（へんざい）

樹幹の外側の樹皮に近い白色、あるいは淡色をした部分のこと。心材（中心部）は、死細胞のみであるが、辺材には、樹液の流通や養分の貯蔵などの機能を持つ生活細胞がある。白太（しらた）と呼ばれることもある。

辺材↔心材

胞子（ほうし）

菌類が繁殖するために作る生殖細胞で、有性生殖によってつくられる担子胞子、子のう胞子、無性生殖によってつくられる分生胞子がある。

乾シイタケ（ほししいたけ）

シイタケ（生）を乾燥機、あるいは天日で乾燥したもの。現在は、ほとんど人工乾燥が行われている。乾シイタケ↔生シイタケ

ほだ起こし（ほだおこし）

シイタケ菌のまん延したほだ木をシイタケの発生環境に適した林内のほだ場や人工ほだ場に移し、シイタケが変形せずに成長し、採取しやすいようにほだ木を組み変えること。ほだ降ろしとも言う。

ほだ化（ほだか）

シイタケ等の菌糸が原木の栄養分を分解し、吸収しながら原木内に伸長、まん延すること。

ほだ木（ほだぎ）

本来は植菌し、シイタケが発生する状態になった木のことであるが、一般的に植菌する前の木を原木、植菌後の木をほだ木と呼んでいる。

ほだ木づくり（ほだぎづくり）

種菌を接種した原木内にシイタケ菌糸を十分まん延させるための一連の作業。

ほだ倒し（ほだたおし）

水分を吸収させたり、刺激を与えることによって、シイタケの発生を促すため、ほだ木を地面に倒すこと。

ほだ付き（ほだつき）

原木内のシイタケ菌糸のまん延している程度。

ほだ場（ほだば）

シイタケを発生させたせるための場所のこと。スギ林などに設ける林内ほだ場や化学繊維の庇陰材料などを用いる人工ほだ場がある。

ほだ回し（ほだまわし）

光や雨がほだ木全体に当たるように、ほだ木を半回転させること。

ほだ持ち（ほだもち）

ほだ木の寿命のこと。

本伏せ（ほんぶせ）

仮伏せ（県内で野伏せを行う場合は一般的に実施しない。）後、菌糸のまん延を図るために、本格的に伏せ込むこと。

枕（まくら）

ほだ木を鳥居やよろいに組むときに横向きに置くほだ木のこと。

水切り（みずきり）

芽切りを促すため、浸水揚げ後のほだ木を外気にあて、余分な水分を抜くこと。

芽（め）

幼いシイタケのことで、原基が樹皮上に見える状態になったもの。幼子実体。

芽切り（めきり）

幼子実体が樹皮を破って成長し、ほだ木表面上で確認できる状態のこと。

芽出し（めだし）

芽切りを良くするために温度、湿度などの条件を整える作業のこと。

木材腐朽菌（もくざいふきゅうきん）

木材の主要成分である多糖類（セルロース、ヘミセルロース）やリグニンを分解し、栄養源として生活する菌類のこと。多糖類及びリグニンを分解し、材が白く変色する白色腐朽菌と多糖類を分解し、褐色に変色する褐色腐朽菌に分けられる。

元倒し（もとだおし）

原木を伐採すること（大分県）

やけ

乾燥のときに火力が強すぎて、シイタケのひだが褐色になること。

山成り（やまなり）

選別されていない乾シイタケのこと。

やわほだ

全体が柔らかいほだ木のこと。

用役ほだ木（ようえきほだぎ）

植菌後、シイタケが発生するようになってから、廃ほだとなるまでのシイタケが発生しているほだ木のこと。

抑制（よくせい）

シイタケの自然発生を抑えるため降雨等を遮断し、ほだ木の水分をやや少ない状態に保つこと。

裸地伏せ（らちぶせ）

原木伐採跡地などの裸地へ笠木を用いて伏せ込むこと。原木の伐採跡地に伏せ込むことを野伏せといい、九州地方ではこの野伏せのことを裸地伏せと言う。

林内伏せ（りんないぶせ）

林内にほだ木を伏せ込むこと。

引用・参考書籍および印刷物一覧

菌蕈　一般財団法人 日本きのこセンター

原色日本菌類図鑑　今関六也・本郷次雄 共著　1957年

キノコの事典　中村克哉 編集　1982年

栽培きのこ害菌害虫ハンドブック（増補改訂版）
古川久彦・野淵輝 共著　1986年

シイタケ栽培の理論と実際　吉富清志　1986年

シイタケ栽培の技術と経営
財団法人 日本きのこセンター 編　1986年

きのこの基礎科学と最新技術
きのこ技術集談会編集委員会 編　1991年

きのこ学　古川久彦 編集　1992年

乾シイタケ栽培暦
大分県農林水産研究センターきのこ研究所　2009年

知っておきたい害菌・害虫
大分県農林水産研究センターきのこ研究所　2010年

平成27年農業経営指標　大分県農林水産部　2015年

2017年版きのこ年鑑　プランツワールド　2017年

原木しいたけ栽培入門テキスト（第6版）
大分県農林水産部　2017年

日本食品標準成分表2015年版（七訂）

た〜と

な〜の

は〜ほ

ま〜も

索　引

あ～お

か～こ

さ～そ

本書の著者

■ ■ ■

大分県農林水産研究指導センター
林業研究部きのこグループ

平成元年、きのこ研究指導センターとして発足。平成 22 年、組織改編により「大分県農林水産研究指導センター林業研究部きのこグループ」となる。所在地は大分県豊後大野市で、日田市にある林業研究部（旧・林業試験場）からは独立している。

敷地内には、本館、研究棟、栽培実習棟などの建物、人工ほだ場、乾燥施設、浸水槽などの施設が一体的に整備され、シイタケを始めとするきのこ産業の発展と地域の振興を図るため、きのこ生産の低コスト化、高品質化と生産性の向上をめざした栽培技術の改善・開発及び品種の改良・開発等の研究を進めるとともに、その成果の普及指導や研修等を行っている。

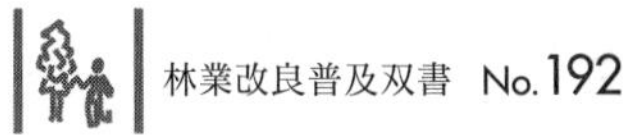

これから始める原木乾シイタケ栽培

2019年3月1日　初版発行

著　者 —— 大分県農林水産研究指導センター
林業研究部きのこグループ

発行者 —— 中山 聡

発行所 —— 全国林業改良普及協会
〒107-0052 東京都港区赤坂1-9-13 三会堂ビル
電 話　03-3583-8461
FAX　03-3583-8465
注文FAX　03-3584-9126
H P　http://www. ringyou. or. jp/

装　幀 —— 野沢清子（株式会社エス・アンド・ピー）

印刷・製本 — 松尾印刷株式会社

2019, Printed in Japan
ISBN978-4-88138-369-8